南京竹类种质资源

BAMBOO GERMPLASM RESOURCES IN NANJING

主　编　◎孙立峰　　副主编　◎沈永宝　史锋厚　严　俊

中国林业出版社
China Forestry Publishing House

图书在版编目（CIP）数据

南京竹类种质资源 / 孙立峰主编 . -- 北京：中国林业出版社，2022.6
ISBN 978-7-5219-1716-1

Ⅰ. ①南… Ⅱ. ①孙… Ⅲ. ①竹-种质资源-南京 Ⅳ. ① S795

中国版本图书馆 CIP 数据核字 (2022) 第 094083 号

责任编辑	于界芬　于晓文	电话	（010）83143549

出版发行　中国林业出版社有限公司
　　　　　（100009 北京西城区德内大街刘海胡同 7 号）
网　　址　http://www.forestry.gov.cn/lycb.html
印　　刷　河北华商印刷有限公司
版　　次　2022 年 7 月第 1 版
印　　次　2022 年 7 月第 1 次印刷
开　　本　889mm×1194mm　1/16
印　　张　9
字　　数　212 千字
定　　价　92.00 元

未经许可，不得以任何方式复制或抄袭本书之部分或全部内容。

版权所有　侵权必究

《南京竹类种质资源》
编委会

顾　　问：王福升　丁雨龙　张春霞
主　　编：孙立峰
副 主 编：沈永宝　史锋厚　严　俊
参编人员：邓福海　孙戴妍　胥森野　刘　杉　胡新苗
　　　　　蒋栖梧　刘贺佳　唐　亮　戴　伟　游琳琳
　　　　　韩也逸　罗　敏　杨晓栋　庄卫忠　蒲昌慧
　　　　　孙玉轮　李亦然　梁玉全　康宏兴　刘建水
　　　　　杜　佳　陈家敏　陈　斌

前　言

  中国是世界四大历史文明古国之一，悠久灿烂的文明一脉相承，延续至今而生生不息。造纸术、指南针、火药和印刷术四大发明享誉全世界，印证了中国对于全人类的贡献。而在造纸和印刷两大发明之前，由竹子做成的竹简曾是我国历史上使用时间最长的书籍形式，小小的竹片承担起文化记载和传播的重任，这一独特的发明足以与四大发明相媲美。

  在历史发展的长河中，人类从未中断过对竹子的需求，靠山吃山靠水吃水，"食笋用竹"依然成为人们生活的一部分。国人的智慧源于对自然的无穷探索，应运而生的便是开发利用竹林资源。竹子中空外直，亭亭玉立，其魅力不仅在于洒脱的外表，更在于愈压愈韧，传递出不屈的气节和坚韧的品性，蕴含着丰富的精神内涵。古人对竹子的喜爱源于竹子的实用性和深厚的文化内涵，苏东坡曾留下"宁可食无肉，不可居无竹"的千古绝句。竹子已经渗透到人们生活的各个领域，如食用、观赏、生活用品、工艺品、建筑等，竹子被聪慧的中国人用到了极致，即使在制造业十足进步的现代，竹子仍有一席用武之地。时代在发展，社会在进步，当全球环境问题聚焦于"碳达峰""碳中和"之时，竹子凸显在固碳增汇中的作用，也将被赋予新的时代使命。

  我国属于亚太竹种分布的核心区，自然分布的竹种约有37属500余种，种质资源丰富，类型多样。我国竹种主要分布于四川、重庆、湖南、浙江、贵州、云南等南方省份。新中国成立后就有探索"南竹北移"的话题，竹子北引的尝试也从未中断，但真正跨越长江流域而北植的竹种少之又少，有些仅在特殊小气候下的"襁褓"中生长。

  六朝古都南京是江苏省省会，位于长江下游，属于宁镇扬丘陵地区，地处北亚热带过渡区，植物资源丰富，种类繁多，自然分布着水竹、篌竹、短穗竹、实心竹、河竹等少量竹种。20世纪下半叶，随着竹产业的发展，南京市开始引种一些经济价值较高的竹种，如毛竹、早竹等。截至2020年年底，全市竹类植物总面积约 5.2 万亩，尤其以毛竹种植面积最大，占全部竹类种植面积的 63.12%。对于南京市竹类种质资源的收集保存和竹产业的发展壮大，南京林业大学竹类研究所作出了突出贡献。自 20 世纪 50 年代成立以来，该所先后在南京市玄武区、溧水区和镇江市句容市建立了国内种类最丰富的竹类植物种质资源库，收集了国内外大量竹种及其种质资源，在竹种分类、繁殖与栽培、竹林生态等方面开展了较为深入的研究。

"十三五"期间，南京市开展了首次林木种质资源清查工作，包括竹类植物种质资源，初步查清南京市现保存竹类植物涉及 17 属 101 种，共计 337 份种质资源。本书将对南京市竹类植物种质资源进行全面介绍，供读者了解全市竹类植物现状，以便将林木种质资源清查成果惠及大众。众所周知，竹类植物以无性繁殖为主，过去由于对种质资源认识不够，竹子的引种多停留在"种"的水平，忽略竹种的种质资源信息，导致一些竹种种质资源归属无法追溯。在 337 份种质资源中，有相当一部分属于这种情况，但本书暂将其作为种质资源进行描述，以便后人研究和归并。

本书的出版得到了众多帮助，在此一并致谢。感谢"绿色南京"专项经费对于本书的资助，感谢南京市绿化园林局对于本书出版的鼎力支持，感谢南京林业大学竹类研究所对竹类种质资源调查的鼎力相助。

自然奥秘无穷，科学探索无界。书中难免出现偏差之处，敬请见谅。

编 者

2022 年 5 月

目 录

前 言

第一章　竹子概况 ·· 01
第二章　南京竹类植物资源 ·· 09
第三章　南京竹种与种质资源 ·· 17

孝顺竹············	18	黄古竹············	41
观音竹············	20	石绿竹············	42
小琴丝竹········	21	黄槽石绿竹····	43
凤尾竹············	22	罗汉竹············	44
金丝慈竹········	23	黄槽竹············	45
摆竹················	24	金镶玉竹········	46
倭形竹············	25	京竹················	47
中华大节竹····	26	桂竹················	48
唐竹················	27	斑竹················	50
肾耳唐竹········	28	金明竹············	51
平竹················	29	寿竹················	52
笻竹················	30	白夹竹············	53
锦竹················	31	白哺鸡竹········	54
水竹················	32	毛竹················	55
实心竹············	34	龟甲竹············	59
篌竹················	35	金丝毛竹········	60
光箨篌竹········	37	圣音毛竹········	61
黄槽篌竹········	38	花哺鸡竹········	62
安吉金竹········	39	淡竹················	63
河竹················	40	红壳雷竹········	64

红哺鸡竹	65	橄榄竹	99
美竹	66	少穗竹	100
毛环竹	67	四季竹	101
紫竹	68	苦竹	102
胡麻竹	69	狭叶青苦竹	103
毛金竹	70	斑苦竹	104
灰竹	71	宜兴苦竹	105
紫蒲头灰竹	72	秋竹	106
高节竹	73	大明竹	107
灰水竹	74	菲白竹	108
金竹	75	翠竹	109
刚竹	76	无毛翠竹	110
绿皮黄筋竹	77	菲黄竹	111
黄皮绿筋竹	78	铺地竹	112
乌竹	79	巴山木竹	113
早竹	80	矢竹	114
花秆早竹	82	曙筋矢竹	115
粉绿竹	83	辣韭矢竹	116
乌哺鸡竹	84	托竹	117
绿纹竹	85	茶竿竹	118
黄秆乌哺鸡竹	86	福建茶竿竹	119
黄纹竹	87	白条赤竹	120
江山倭竹	88	黄条金刚竹	121
鹅毛竹	89	美丽箬竹	122
狭叶倭竹	90	阔叶箬竹	123
短穗竹	91	箬叶竹	124
业平竹	93	矮箬竹	125
寒竹	94	箬竹	126
红秆寒竹	95	胜利箬竹	127
刺黑竹	96	中文名索引	128
方竹	97	学名索引	131
月月竹	98		

参考文献 132

第一章 竹子概况

竹，又称竹子，多年生植物，种类繁多，为禾本科竹亚科植物的统称。中国是竹子主要原产地之一，自然分布许多竹种和种质资源，开发利用竹子的历史悠久。

一、竹子简介

（一）形态学特征

竹叶呈狭披针形，长 7.5~16 厘米，宽 1~2 厘米，先端渐尖，基部钝形，叶柄长约 5 毫米；平行脉，6~8 对；叶面深绿色，无毛，背面较淡，基部具微毛；质薄而较脆。除少数竹种在旱季落叶外，大部分竹子都是四季常绿。

竹子茎秆多为木质，也有草本。不同竹种茎秆高度存在差异，有的低矮似草，有的高如大树。最矮小的竹种，秆高 10~15 厘米；最大的竹种，秆高达 40 米以上。竹种不同，茎秆生长速度差异较大，高大竹种的茎秆每天可生长 30 厘米，甚至更快。

竹子亦可开花，花似稻穗，主色呈黄色、绿色、白色。风媒花，大多不艳。每朵花均有 3 枚雄蕊和 1 枚雌蕊。大多数竹子仅在生长 12~120 年后才开花结籽。一年只开花结籽一次。开花后，竹秆和竹叶都会枯黄死去。

竹子地下茎俗称"竹鞭"，横着生长，中间稍空，有节且多而密，节上长着许多须根和芽。芽发育成笋，钻出地面则长成竹子，若芽不出土，横着生长，则发育成新的地下茎。秋冬时，笋未钻出地面称为"冬笋"；春天，竹笋长出地面就叫"春笋"，竹笋大小因竹种不同而各异。

竹鞭

（二）生长习性

竹子是浅根性植物，对水热条件要求高，而且非常敏感，多喜温暖湿润气候。地球表面的水热分布决定了竹子的地理分布，因此我国竹种主要分布在热带及亚热带地区，仅少数竹类分布在温带和寒带。土质深厚肥沃、富含有机质和矿物元素的偏酸性土为竹子所爱。丛生竹和混生竹对土壤要求更高，其地下茎入土较浅，出笋期在夏、秋季，新竹当年不能充分木质化，经不起寒冷和干旱。竹子生长快，生长量大，雨后的生长速度更快，因此竹子对水肥要求高，既要有充足的水湿，亦要排水良好。

（三）竹子分类

全世界竹类植物约有70属1200种，但同物异名现象也较为普遍，系统性分类研究仍在持续进行中。传统植物分类主要依据花、叶、茎、果等多种形态特征，但这对于竹类植物而言却异常困难，而竹子分类多依据营养体形态，其中主要有参考价值的是笋期或幼竹阶段包被在竹笋或幼竹外部的秆箨（笋壳），但这些形态特征也会因生境的不同，生长状态的差异而产生变化，更增大了竹子生物学分类的难度。

从生产和应用上，人们习惯根据竹子生长特点等将竹子分为丛生型、散生型和混生型。慈竹、硬头黄竹、麻竹、单竹等属于丛生型竹子，主要是由母竹基部的芽繁殖新竹。毛竹、斑竹、水竹、紫竹等属于散生型竹子，主要由鞭根上的芽繁殖新竹。箭竹、苦竹、棕竹、方竹等属于混生型竹子，既能从母竹基部的芽繁殖，又能以竹鞭上的芽繁殖。根据竹子的主要使用价值，又可把竹子分为观赏竹、笋用竹、材用竹、篾用竹等类型。事实上，许多竹种用途并不单一，有着多种利用价值，如毛竹笋可食用，秆可材用。

（四）竹子分布与引种

竹子主要分布于亚洲、非洲、拉丁美洲等一些国家。世界的竹子地理分布可分为3大竹区，即亚太竹区、美洲竹区和非洲竹区。欧洲本无竹子的天然分布，北美也仅有大青篱竹及两个亚种，但这两个地区引种数量超过百种，亦单独列为欧洲、北美引种区。

1. 亚太竹区

亚太竹区是世界最大的竹区，南至南纬42°的新西兰，北至北纬51°的库页岛中部，东至太平洋诸岛，西至印度洋西南部。本区是竹子分布最集中、种类和种质资源最多的区域，自然分布约50属900种。既有丛生型，又有散生型；前者约占3/5，后者约占2/5。其中，有经济价值的约100种。主要产竹国家包括中国、印度、缅甸、泰国、孟加拉国、柬埔寨、越南、日本、印度尼西亚、马来西亚、菲律宾、韩国、斯里兰卡等。

2. 美洲竹区

在南北美洲，竹子主要集中在东部，南至南纬47°的阿根廷南部，北至北纬40°的美国东部，垂直分布由海拔几米至3000米，共约18属270种。美洲竹中，除青篱竹属为散生型竹种外，其余17属均为丛生型。北美仅自然分布大青篱竹及其两个亚种。在拉丁美洲，南北回归线之间的墨西哥、危地马拉、哥斯达黎加、尼加拉瓜、洪都拉斯、哥伦比亚、委内瑞拉和巴西的亚马孙流域都是竹子分布的中心，竹种十分丰富，由此向南直至阿根廷则逐渐减少。20世纪以来，南北美洲还从亚洲引种了大量竹种，如美国从中国引种的刚竹属竹种就达35种。

3. 非洲竹区

非洲竹区分布范围较小，南起南纬 22° 莫桑比克南部，北至北纬 16° 苏丹东部。由非洲西海岸塞内加尔南部，直到东海岸马达加斯加岛，形成从西北到东南横跨非洲热带雨林和常绿落叶混交林的斜长地带，是非洲竹子分布的中心。在非洲北部苏丹境内的尼罗河上游河谷地带和埃塞俄比亚的温带山地森林地区都有成片的竹林分布。非洲大陆天然分布的竹种较少，乡土竹种仅有锐药竹和高山箭竹等，加上引种的山竹属、滇竹属和青篱竹属等十几种，形成大面积纯林，或与其他树种伴生成为混交林的下层，如在肯尼亚的山区生长着 13 万公顷青篱竹，在埃塞俄比亚生长着 10 万公顷滇竹。

4. 欧洲引种区

欧洲没有天然分布的竹种。近百年来，英国、法国、德国、意大利、比利时、荷兰等欧洲国家从亚洲、非洲、拉丁美洲产竹国家引种 100 多种竹子，尤其从中国和日本引进了较耐寒的刚竹属、苦竹属、赤竹属的竹种。

（五）主要利用价值

1. 食用、药用

竹子主要食用部分是竹笋。竹笋含有丰富的蛋白质、氨基酸、脂肪、糖类、钙、磷、铁、胡萝卜素、维生素 B1、B2、维生素 C 等。据《本草纲目》《本草纲目拾遗》《食疗本草》《齐民要术》等药典记载，竹子全身各部分均可入药。

2. 观赏

竹子大多四季常青，外直中空，坚韧挺拔，历来就是庭院绿化的佳品。近年来，竹海景观广受大众欢迎，映衬出"绿水青山就是金山银山"发展理念，竹屋中吃竹子宴、品竹筒酒、饮竹叶茶更是别有一番滋味。

竹子景观

3. 生活用途

竹子生长快、韧性好，竹子制造已经较为普及，竹纸、竹子棚架、竹制日用品、竹制农具器物等较为普遍，竹扫帚、竹篱笆、竹制大棚、竹制水车、竹篮、竹梯、竹筏、旗杆、竹凳、竹栈、竹席、竹垫、竹扇、牙签、竹杯、竹碗、钓竿、竹帘、竹席等皆为竹子制品。

4. 竹纤维与竹板材

竹子加工成竹纤维，手感柔软，悬垂性好，染色后色彩亮丽，已被广泛应用于纺织领域。竹炭本身就是制作活性炭的良好材料，竹炭加入涤纶纤维可制成竹炭纤维，具有除臭、释放远红外负离子的功能。随着木材工业的发展，竹材的加工业日益成熟，竹子的应用更为广泛，如毛竹切片后再高温胶合压制成板材，物理性能优越，实现了"竹可代木，竹可胜木"，竹地板、竹制家具已经走进寻常百姓家。

竹工艺品

（六）竹子繁殖与有害生物防治

竹子多采用分株、埋枝、移鞭等无性繁殖为主。丛生型竹种可采用埋秆育苗、埋节育苗、侧枝扦插育苗等。散生型竹种和混生型竹种可采用埋鞭育苗。但近年来各地城乡绿化多带鞭移栽。竹子开花实为罕见，一旦开花便可采种育苗。

竹子生长健壮，很少受病虫危害，但因生长环境较差或者生长密度较大，也会滋生病虫。常见的病害包括竹水枯病、竹笋腐病、竹苗枯病、毛竹苗麻点病、毛竹枯梢病、毛竹烂脚病、竹丛枝病、竹秆锈病、竹黑粉病、竹煤病、竹赤团子病、竹黑痣病等，采取必要的措施可以有效防治。

二、中国竹子分布

中国处于亚太竹区的核心区，自然分布约37属500种，是竹子分布较为集中且种类较多的国家。中国的竹种分布全国各地，但以珠江流域和长江流域最多，秦岭以北雨量少、气温低，仅有少数矮小竹类。我国四川、重庆、湖南、浙江、贵州、云南等省（直辖市）均有天然竹种分布，尤以四川省最为集中，成片的竹林，多样的竹种，号称"竹子故乡"。自20世纪50年代开始，我国就开始尝试"南竹北移"，一些竹种种植范围持续向北推进，但受制于气温和土壤等因素，南竹北移仍比较困难，目前仅在黄河和渭河流域形成了一些成功的案例，山东、陕西等省份已经建立种类较为丰富的竹种园。改革开放后，国内也开始尝试从亚州、非州、拉丁美洲等竹子产区引种，有些竹种已成功引种并推广。浙江省安吉县竹博园占地面积600亩，引种保存海内外34属304个竹种。

毛竹林

毛竹采伐

三、竹文化

中国人对于竹子的认知较为久远，以汉字"竹"字的演化可以较为清晰地反映出古人识竹、认竹的悠久历史，晋代戴凯《竹经》和明代徐光启《农政全书》皆有记载竹种。竹子原产中国，中国人开发利用竹子的历史同样悠久，宋代苏东坡曾说"食者竹笋、庇者竹瓦、载者竹筏、炊者竹薪、衣者竹皮、书者竹纸、履者竹鞋，真可谓不可一日无此君也"。竹子可食、可药、可字、可乐、可器、可物、可架、可衣的多种利用价值映衬出中华民族文明发展史，"食笋用竹"彰显了中华民族对于竹子的特殊情怀。

竹秆挺拔，修长，四季青翠，傲雪凌霜，倍受中国人喜爱。中国文人墨客，爱竹咏竹者众多，很多竹子的原产地在中国，也称之为中国的文物标志。梅、兰、竹、菊称为"花中四君子"，松、竹、梅并称为"岁寒三友"，形容竹子的典故和词语较多，以竹子为题材的诗歌和画作也较多，反映出古人对于竹子的特殊情怀。

甲骨文　　　　金文　　　　小篆　　　　隶书　　　　楷书

1. 竹子寓意

竹彰显气节，虽不粗壮，但却正直，坚韧挺拔，不惧严寒酷暑，万古长青。古人总结出"竹之七德"和"竹之十德"皆是对竹子寓意的很好表述，将竹的特性与美德相互嵌合，以竹抒义恰是对中华民族坚强不屈、质朴奋进、担当有为的真实写照。

2. 竹字词语

古人食笋用竹，生活之中不缺乏竹元素，长此以往，竹子器物也被人所接受，有些特殊的仪式也出现了竹子，比如起源于2000多年前的爆竹，人们使用火烧竹子，使之爆裂发声，以驱逐瘟神。竹子焚烧发出"噼噼啪啪"的响声，故称"爆竹"，由此也产生了"竹报平安"的成语。竹子在生活中的存在，逐渐演化出许多成语典故，如"竹苞松茂""青梅竹马""势如破竹""胸有成竹""罄竹难书""芒鞋竹杖""抱鸡养竹"等。

3. 诗画作品

古人爱竹，文人墨客为之挥毫吟咏，绘画抒怀，形成了独有的"竹文化"。中国古代以竹子为题材的诗画作品不胜枚举，写意竹子、借竹抒义的佳作比比皆是。中国文人墨客把竹子空心、挺直、四季青等特征赋予人格化的高雅、纯洁、虚心、有节、刚直等精神文化象征。司马迁说"竹外有节礼，中直虚空"。白居易："水能性淡是吾友，竹解心虚即吾师"，亦有"竹死不改节，花落有余香"。画竹是中国花鸟画的一个重要画种，我国清代的郑板桥以画竹而闻名天下，他笔下的竹挺劲孤直，具有一种孤傲、刚正、倔强不驯之气。

4. 竹子器乐

中国乐器在全世界享誉盛名，中国传统乐器如笛、箫、笙、筝、鼓板、京胡、二胡、板胡等皆离不开竹，古时称音乐为"丝竹"，足可见竹子器乐的重要性。由于传统乐器以竹子为材料制作而成，由此也留下了许多以竹字组成的词语，如"丝竹管弦""金石丝竹""品竹弹丝""哀丝豪竹"等成语皆因竹可作乐器而流传下来，所表达的书面涵义也与器乐有关。

5. 竹子建筑

中国以竹为材建造房屋的历史悠久，汉武帝所居住的甘泉祠宫皆由竹子修筑而成，南方竹区百姓建造竹楼用于居住皆为平常之事。竹子用于建筑皆因其具有质轻、抗压、抗拉、承重能力强等良好的力学性能。时至今日，以竹子为主体材料的建筑逐渐减少，但仍有房屋建造过程中大量使用竹子搭建棚架。

6. 古代竹子的缩影

早在七千年前，我们的祖先就已经用竹子制作箭头、弓弩等用于捕猎和战争。商周时期，中国已发明使用竹钻。四川都江堰修造时大量使用竹子，同时代已经使用竹缆绳打造盐井。先秦至魏晋时代，以竹制作的竹简曾是主要的书写材料，记录诸事、传播文化。文房四宝之一的毛笔均选用竹秆作为材料制作而成，南宋时的突火枪也选用竹管制作，明代时的火箭同样选用竹筒制作而成。古人使用竹子非常普遍，以致现代竹子制品仍被社会大众所接受，竹子已经融入了人们的衣、食、住、行中。

南京竹类植物资源

一、自然状况

（一）地理位置

南京市位于江苏省西南部，地处长江中下游平原东部，江苏、安徽两省交界处，位于北纬31°14′~32°37′、东经118°22′~119°14′之间，东接江苏省镇江市的句容市（县级市），西邻安徽省滁州市、巢湖市、马鞍山市，南接安徽宣城市、江苏省溧阳市（县级市），北连江苏省仪征市（县级市）、安徽省天长市（县级市）。南京市全域平面南北长东西窄，南北最大纵距约150千米，东西最大横距约70千米，面积6587.02平方千米，城市建成区面积868.28平方千米。

（二）地形地貌

南京属宁镇扬山地，低山、丘陵、岗地约占全市总面积的60.8%，平原、洼地及河流湖泊约占39.2%。低山、丘陵之间或两侧多是地势低平的河谷平原和滨湖平原，沿长江有沿江洲地和江心洲地，其海拔均不到10米。长江以北是老山山脉、滁河河谷平原、大片岗地和零星丘陵。长江以南大致可分为3个区域：北部，从沿江到主城区周围，钟山、牛首山、云台山等依次排列，海拔在200~400米；中部，从主城区以南到溧水永阳之间，是一构造完整的山间盆地，宁镇山脉、横山和东庐山、牛首山和云台山、茅山环峙四周，海拔在250~400米；南部，溧水区南部和高淳区全境，地势东高西低，海拔仅为5~10米的石臼湖和固城湖滨湖平原位于西部，东部为海拔20~40米的黄土岗地，中部由茅山向南延伸的余脉形成海拔约100米的分水岭。

（三）气候

南京具有典型的北亚热带湿润气候特征，四季分明，雨水充沛，春秋短、冬夏长，年温差较大。冬季以东北风为主，1月平均气温2.7℃；夏季以东南风为主，7月平均气温28.1℃。年平均降水量1090.4毫米。

（四）土壤、水文与矿产资源

南京土壤类型包括地带性土壤和耕作土壤两种。地带性土壤在南京北部、中部地区为黄棕壤，在南部与安徽接壤处为红壤。经人为耕作形成的耕作土壤以水稻土为主，并有部分黄刚土和菜园土。南京境内土壤分为7个土类13个亚类30个土属66个土种。南京地处长江下游，水资源丰富。长江自西南向东北斜贯市境，长约93千米。秦淮河自南向北奔流而来。全市水域面积约占11%。南京矿产资源丰富，发现的矿产主要有铁、铜、铅、锌、锶、硫铁、白云石、石灰石、石膏、黏土等41种，其中探明储量的23种，有工业开采价值的20种，正在开采的10余种。

（五）动植物资源

南京市动植物资源丰富、种类繁多。植被类型复杂，其中自然植被有针叶林、落叶阔叶林、落叶与常绿阔叶混交林、竹林、灌丛、草丛和水生植被7种类型，栽培植被有大田作物、蔬菜作物、经济林、果园和绿化地带5种类型。植物种类有维管束植物1061种，占江苏省的64.7%；秤锤树、中华水韭、明党参、青檀等7种为国家重点保护珍稀濒危植物。全市森林覆盖率27.1%。野生动物中，有昆虫795种，隶属于11目125科；鱼类99种，隶属于12目22科；陆栖野生脊椎动物327种，隶属于29目90科；鸟类243种，隶属于17目56科；兽类47种，隶属于8目22科。在所有动物种类中，国家一级保护野生动物9种，有东方白鹳、白肩雕、达氏鲟等；国家二级保护野生动物65种，有江豚、小天鹅、中华虎凤蝶等；江苏省重点保护动物125种，濒危动物35种。

二、竹类植物

（一）南京竹类植物资源

南京历史悠久，种竹、用竹历史同样久远。南京地处北亚热带季风区，气候适宜竹子的生长，但原生竹种并不多，仅有水竹、篌竹、短穗竹、实心竹、河竹等少量竹种自然分布。南京作为历史文化名城，造园种竹较早，知名的风景区皆有竹子种植，尤其如莫愁湖公园、瞻园、玄武湖公园等古典园林中竹子造景别致，透射出竹子在南京造园史中的地位。经过观赏和竹园种植，目前竹种数量和面积都已大大增加。

南京市现有竹园面积52000亩，这得益于新中国成立后国家建设、经济发展、科技进步等对竹产业和竹子科研的推动，其中也不乏南京林业大学竹类研究所几代人对竹子科研和推广所作出的巨大贡献。1984年7月，南京林业大学竹类研究所由林业部批准成立，是我国成立最早，专门从事竹类植物生物学、繁殖与栽培、竹林生态等研究的机构。南京林业大学竹类研究所前身可追溯至南京林学院竹类研究室，由我国著名生态学家、竹林科学培育的奠基人熊文愈教授领衔组建而成。1958年5月18日，毛泽东同志在中共八大二次会议上作出"竹子要大发展"的重要指

毛竹林覆盖催笋

要指示,从而正式掀开了"南竹北移"的序幕。而该工程就是由竹类研究所的周芳纯教授率先负责调研指导和实施的。1974年,熊文愈教授和周芳纯教授合作撰写并出版了《竹林培育》专著,为我国竹林丰产培育研究奠定了基础。长期以来,南京林业大学竹类研究所持续开展竹类植物科学研究和引种推广工作,他们在竹类植物生长规律、竹林培育、竹林生态及竹林生态环境利用、竹类植物多样性、竹材解剖与材性、竹林病虫害防治、竹荪菌培育、竹类繁育技术等方面都取得了丰硕的研究成果,并在南京市玄武区、溧水区和镇江市句容市下蜀镇建设竹类植物基因库,收集保存了大量竹种及其种质资源。

南京市主要竹种种植面积(包含自然分布)、南京市各区竹资源种植(包含自然分布)面积分别见表2-1和表2-2。

表2-1 南京市主要竹种种植面积

排序	竹种	面积(亩)	百分比(%)	主要分布区
1	毛竹	32718	63.12	江宁区
2	早竹	7800	15.05	高淳区
3	水竹	3300	6.37	高淳区
4	桂竹	2400	4.63	溧水区
5	淡竹	2000	3.85	浦口区
	其他竹种	3620	6.98	溧水区、雨花台区等
	总计	51838	100.00	

表2-2 南京市各区竹资源种植面积统计

区	竹资源面积(亩)	百分比(%)
江宁区	18885	36.43
高淳区	13468	25.98
溧水区	8130	15.68
浦口区	4640	8.95
六合区	4500	8.68
玄武区	1050	2.03
雨花台区	620	1.20
栖霞区	545	1.05
总计	51838	100.00

南京市种植面积位居前五的竹种分别是毛竹、早竹、水竹、桂竹和淡竹,这五大竹种占全市竹种资源总面积的93.02 %。其中,毛竹种植总面积高达32718亩,占全市竹种资源总面积的63.12 %。南京市的毛竹,大部分都是1960—1970年人工引种栽培,经过近50年的人工抚育形成了目前的规模。自1996年开始,高淳区大力发展早竹竹笋产业,全区早竹种植面积达到7800亩(520公顷),占南京市竹种资源总面积15.05 %。水竹是南京市野生竹种资源,在各个区均有

零星分布，总面积位居第三位。除去上述五大竹种外，其余竹种种植面积总和仅占南京市竹种资源总面积的6.98%，大部分竹种为人工栽植于景区。作为经济竹种的毛竹、早竹种植面积占全市竹类植物种植总面积的78.17%。由此可知，南京市竹类植物种植面积仍然以经济竹种占据主导地位，观赏竹种种植面积占比不到5%。

在南京市各区中，以江宁区、高淳区和溧水区竹资源种植面积最大，3个区竹资源面积总和占南京市竹资源总量的78.09%。浦口区、六合区和玄武区次之，雨花台区和栖霞区竹资源面积相对较低。

在人工集约化管理经营的国有林场中，竹类资源面积占森林资源面积的平均比例可达20%，但对于景区或森林保护区而言，竹类资源面积占森林资源面积的平均比例不到5%；乡村集体林场竹类资源面积占比森林资源面积不足10%（表2-3）。

表2-3　部分林场（单位）竹资源面积与森林资源面积对比

区	具体分布地点	竹资源面积（亩）	森林资源面积（亩）	百分比（%）
高淳区	大荆山林场	1579	1800	87.72
	青山林场	839	10000	8.39
	傅家坛林场	341	5000	6.82
六合区	东沟林场	2200	6000	36.67
	瓜埠果园	1500	4392	34.15
	灵岩山林场	440	6000	7.33
	平山林场	400	33228	1.20
江宁区	东善桥林场东坑分场	4220	5250	80.38
	东善桥林场云台分场	3350	8600	38.95
	东善桥林场铜山分场	1550	15600	9.94
	东善桥林场横山分场	1520	10000	15.20
	东善桥林场东善分场	1300	5400	24.07
	牛首山林场	1220	3000	40.67
	东山街道林场	200	3000	6.67
浦口区	老山林场	4170	90000	4.63
	珍珠泉风景区	360	22200	1.62
	杜仲林场（集体）	300	3300	9.10
	龙山林场（集体）	240	2600	9.23
	大桥林场（集体）	146	2500	5.84
合计		25875	237870	10.88

（二）南京竹类种质资源概况

南京市竹类植物种质资源涉及17属101种，种质资源337份，竹类种质资源在各区的分布见表2-4。溧水区竹种数量最丰富，有85种，占南京市竹种总数的85%，栖霞区竹种数量相对较少,仅有11种,占全部竹种总数的11%;但从种质资源数量而言,溧水区和江宁区竹类植物种质资源数量远远超过其他区,分别为118份和88份;栖霞区竹类植物种质资源数量最低,仅有12份。南京市自然分布的野生竹种种质资源包括37份水竹、16份篌竹和13份短穗竹;在南京市首次林木种质资源清查过程中,新发现野生的竹类种质资源包括1份实心竹和1份河竹;实心竹分布在高淳区大荆山林场,河竹分布在高淳区固城镇。

表2-4 南京市竹种和种质资源分布情况

区域	竹种数量（个）	种质资源数量（份）
溧水区	85	118
玄武区	48	51
雨花台区	34	45
六合区	24	42
江宁区	21	88
高淳区	16	33
浦口区	15	28
栖霞区	11	12
南京市	101	337

速生丰产毛竹林

溧水区栽培种植的竹种数量最多，主要是南京林业大学在溧水区白马镇建设分校，并建有竹类植物资源收集圃，引种保存了较多竹种及种质资源。江宁区面积最大，林场数量和林地面积相比其他区都要高，收集保存的竹类植物种质资源相对高于其他区。

在101个竹种337份种质资源中，簕竹属4种，种质资源4份；慈竹属1种，种质资源1份；大节竹属3种，种质资源3份；唐竹属2种，种质资源2份；箣竹属2种，种质资源2份；阴阳竹属1种，种质资源1份；刚竹属49种，种质资源266份；倭竹属3种，种质资源3份；业平竹属2种，种质资源14份；寒竹属5种，种质资源5份；酸竹属1种，种质资源1份；少穗竹属2种，种质资源2份；苦竹属11种，种质资源12份；巴山木竹属1种，种质资源1份；矢竹属6种，种质资源6份；东笆竹属2种，种质资源2份；箬竹属6种，种质资源12份。各属涉及的竹种见表2-5。

表2-5 南京市竹类种质资源统计

序号	属名	竹种数量（个）	种名	种质资源（份）
1	簕竹属	4	孝顺竹、观音竹、小琴丝竹、凤尾竹	4
2	慈竹属	1	金丝慈竹	1
3	大节竹属	3	摆竹、倭形竹、中华大节竹	3
4	唐竹属	2	唐竹、肾耳唐竹	2
5	箣竹属	2	平竹、箣竹	2
6	阴阳竹属	1	锦竹	1
7	刚竹属	49	水竹、实心竹、篌竹、光箨篌竹、黄槽篌竹、安吉金竹、河竹、黄古竹、石绿竹、黄槽石绿竹、罗汉竹、黄槽竹、金镶玉竹、京竹、桂竹、斑竹、金明竹、寿竹、白夹竹、白哺鸡竹、毛竹、龟甲竹、金丝毛竹、圣音毛竹、花哺鸡竹、淡竹、红壳雷竹、红哺鸡竹、美竹、毛环竹、紫竹、胡麻竹、毛金竹、灰竹、紫蒲头灰竹、高节竹、灰水竹、金竹、刚竹、绿皮黄筋竹、黄皮绿筋竹、乌竹、早竹、花秆早竹、粉绿竹、乌哺鸡竹、绿纹竹、黄秆乌哺鸡竹、黄纹竹	266
8	倭竹属	3	江山倭竹、鹅毛竹、狭叶倭竹	3
9	业平竹属	2	短穗竹、业平竹	14
10	寒竹属	5	寒竹、红秆寒竹、刺黑竹、方竹、月月竹	5
11	酸竹属	1	橄榄竹	1
12	少穗竹属	2	少穗竹、四季竹	2
13	苦竹属	11	苦竹、狭叶青苦竹、斑苦竹、宜兴苦竹、秋竹、大明竹、菲白竹、翠竹、无毛翠竹、菲黄竹、铺地竹	12
14	巴山木竹属	1	巴山木竹	1

（续）

序号	属名	竹种数量（个）	种名	种质资源（份）
15	矢竹属	6	矢竹、曙筋矢竹、辣韭矢竹、托竹、茶竿竹、福建茶竿竹	6
16	东笆竹属	2	白条赤竹、黄条金刚竹	2
17	箬竹属	6	美丽箬竹、阔叶箬竹、箬叶竹、矮箬竹、箬竹、胜利箬竹	12
	小计	101		337

南京竹种与种质资源

孝顺竹 *Bambusa multiplex* (Lour.) Raeusch. ex Schult.

形态特征 簕竹属竹种。秆高 4~7 米，直径 1.5~2.5 厘米，尾梢近直或略弯，下部挺直，绿色；节间长 30~50 厘米，幼时薄被白蜡粉，并于上半部被棕色至暗棕色小刺毛，后者在近节以下部分尤其较为密集，老时则光滑无毛，秆壁稍薄；节处稍隆起，无毛；分枝自秆基部第二或第三节即开始，数枝乃至多枝簇生，主枝稍较粗长。秆箨幼时薄被白蜡粉，早落；箨鞘呈梯形，背面无毛，先端稍向外缘一侧倾斜，呈不对称的拱形；箨耳极微小以至不明显，边缘有少许繸毛；箨舌高 1~1.5 毫米，边缘呈不规则的短齿裂；箨片直立，易脱落，狭三角形，背面散生暗棕色脱落性小刺毛，腹面粗糙，先端渐尖，基部宽度约与箨鞘先端近相等。末级小枝具 5~12 叶；叶鞘无毛，纵肋稍隆起，背部具脊；叶耳肾形，边缘具波曲状细长繸毛；叶舌圆拱形，高 0.5 毫米，边缘微齿裂；叶片线形，上表面无毛，下表面粉绿而密被短柔毛，先端渐尖具粗糙细尖头，基部近圆形或宽楔形。

主要用途 竹秆青绿，叶密集下垂，姿态婆娑秀丽，常栽培于庭园供观赏，或作绿篱，也常在湖边、河岸栽植；秆材柔韧，为优良的造纸原料，可代绳索捆扎脚手架；用秆所削刮成的竹绒是填塞木船缝隙的最佳材料；竹叶供药用，有解热、清凉和治疗流鼻血之效。

分布范围 原产于中国、东南亚及日本；中国华南、西南直至长江流域各地都有分布。喜温暖湿润气候及排水良好、湿润的土壤，是丛生竹类中分布最广、适应性最强、最耐寒的竹种之一，可以引种北移。

种质资源　南京市保存孝顺竹种质资源1份，由南京林业大学1974年引自上海市郊区，但具体种质资源归属不明。六合区、高淳区、雨花台区、江宁区、栖霞区等均从南京林业大学引种。具体种质资源情况见表3-1。

表3-1　孝顺竹种质资源信息

辖区	分布点（个）	种质资源编号	地点	面积（亩）	种质资源归属	备注
玄武区	1	01	南京林业大学新庄校区	<0.5	不详	1973年引自上海
六合区	1	01	瓜埠果园	<0.1	不详	引自南京林业大学
高淳区	2	01	青山林场	1	不详	引自南京林业大学
		01	大荆山林场	3	不详	引自南京林业大学
雨花台区	2	01	雨花台竹园	<0.1	不详	1997年引自南京林业大学
		01	菊花台竹园	<0.2	不详	引自南京林业大学
江宁区	4	01	东善桥林场东坑分场	<0.01	不详	引自南京林业大学
		01	东山街道林场	<0.1	不详	引自南京林业大学
		01	牛首山祖堂社区	<0.01	不详	引自南京林业大学
		01	汤山山顶公园	50	不详	引自南京林业大学
栖霞区	1	01	燕子矶—幕府山	1	不详	引自南京林业大学
溧水区	1	01	南京林业大学白马校区	<5	不详	2012年由南京林业大学新庄校区分栽

注：表中的种质资源编号相同的为同一份种质，下同。

观音竹 *Bambusa multiplex* (Lour.) Raeusch. ex Schult. var. *riviereorum* R. Maire

形态特征 簕竹属孝顺竹变种。本变种与孝顺竹的区分特征为秆实心，且叶片较原变种小，长 1.6~3.2 厘米，宽 2.6~6.5 毫米。竹秆高 1~3 米，直径 3~5 毫米，小枝具 13~23 叶，且常下弯呈弓状。

主要用途 观赏竹种，常栽培于庭园间以作矮绿篱，或盆栽以供观赏。

分布范围 原产华南地区，多生于丘陵山地溪边。

种质资源 南京市保存观音竹种质资源 1 份，由南京林业大学 1999 年引自江苏省苏州市，但具体种质资源归属不明。江宁区汤山山顶公园自南京林业大学新庄校区引种。具体种质资源情况见表 3-2。

表3-2　观音竹种质资源信息

辖区	分布点（个）	种质资源编号	地点	面积（亩）	种质资源归属	备注
江宁区	1	01	汤山山顶公园	18	不详（广西壮族自治区）	引自南京林业大学新庄校区

小琴丝竹 *Bambusa multiplex* (Lour.) Raeusch. 'Alphonse-Karr' R. A. Young

形态特征 簕竹属孝顺竹的栽培型，又名花孝顺竹。与孝顺竹主要区分特征为秆和分枝的节间黄色，具不同宽度的绿色纵条纹，秆箨新鲜时绿色，具黄白色纵条纹。

主要用途 南方暖地竹种，秆和分枝色泽鲜明，犹如黄金间碧玉，常作为庭园观赏竹种。

分布范围 主要分布于四川、广东和台湾等省份。适生于温暖湿润、背风、土壤深厚的环境。

种质资源 南京市保存小琴丝竹种质资源1份，由南京林业大学1974年引自四川省成都市望江楼公园，现保存在南京林业大学新庄校区，面积不足0.5亩。具体种质资源情况见表3-3。

表3-3 小琴丝竹种质资源信息

辖区	分布点（个）	种质资源编号	地点	面积（亩）	种质资源归属	备注
玄武区	1	01	南京林业大学新庄校区	<0.5	四川省成都市	1974年引种

凤尾竹 *Bambusa multiplex* (Lour.) Raeusch. 'Fernleaf' R. A. Young

形态特征　籍竹属孝顺竹的栽培型。该栽培型与观音竹相似，但植株较高大，高 3~6 米，秆中空，小枝稍下弯，具 9~13 叶，叶片长 3.3~6.5 厘米，宽 4~7 毫米等特征与之有别。

主要用途　观赏价值较高，宜作庭院丛栽，也可制作盆景。

分布范围　原产中国，华东、华南、西南以至台湾、香港均有栽培。

种质资源　南京市保存凤尾竹种质资源 1 份，由南京林业大学 1974 年引自杭州植物园，但种质资源归属不明，现保存于新庄校区和白马校区两地，总面积约 1.5 亩。具体种质资源情况见表 3–4。

表3-4　凤尾竹种质资源信息

辖区	分布点（个）	种质资源编号	地点	面积（亩）	种质资源归属	备注
玄武区	1	01	南京林业大学新庄校区	<0.5	不详	1974年引种
溧水区	1	01	南京林业大学白马校区	<1	不详	2012年由南京林业大学新庄校区分栽

金丝慈竹 *Neosinocalamus affini f. viridiflavus*

形态特征　慈竹属慈竹变型。该变型与慈竹区别在于其分枝一侧具浅黄色条纹。丛生型，秆高5~10米，梢端细长作弧形向外弯曲或幼时下垂如钓丝状，全秆共30节左右，秆壁薄；节间圆筒形，长15~30（60）厘米，径粗3~6厘米，表面贴生灰白色或褐色疣基小刺毛，其长约2毫米，以后毛脱落则在节间留下小凹痕和小疣点；秆环平坦；箨环显著；节内长约1厘米；秆基部数节有时在箨环的上下方均有贴生的银白色绒毛环，环宽5~8毫米，在秆上部各节的箨环则无此绒毛环，或仅于秆芽周围稍具绒毛。箨鞘革质，背部密生白色短柔毛和棕黑色刺毛（只在其基部一侧的下方即被另一侧所包裹覆盖的三角形地带常无刺毛），腹面具光泽，但因幼时上下秆箨彼此紧裹之故，也会使腹面的上半部粘染上方箨鞘背部的刺毛（此系被刺入而折断者），鞘口宽广而下凹，略呈"山"字形；箨耳无；秆每节约有20条以上的分枝，呈半轮生状簇聚，水平伸展，主枝稍显著，其下部节间长10厘米，径粗5毫米。末级小枝具数叶乃至多叶；叶片窄披针形，大都长10~30厘米，宽1~3厘米，质薄，先端渐细尖，基部圆形或楔形，上表面无毛，下表面被细柔毛。笋期6月中旬至9月中旬。

主要用途　大型丛生观赏竹种，竹梢笔直如箭，直指蓝天，景观效应气势如虹；秆材可编织竹器及建筑用材、造纸，也可用于制作地板、家具等产品。

分布范围　广泛分布于四川、贵州、云南、广西、湖南、湖北西部、陕西南部及甘肃等地。

种质资源　南京市保存金丝慈竹种质资源1份，由南京林业大学1998年引自湖南省永州市，2012年由南京林业大学新庄校区分栽至白马校区，总面积约1亩。具体种质资源情况见表3-5。

表3-5　金丝慈竹种质资源信息

辖区	分布点（个）	种质资源编号	地点	面积（亩）	种质资源归属	备注
玄武区	1	01	南京林业大学新庄校区	<0.5	湖南省永州市	1998年引种
溧水区	1	01	南京林业大学白马校区	<0.5	湖南省永州市	2012年由南京林业大学新庄校区分栽

摆竹 *Indosasa acutiligulata* McClure

形态特征 大节竹属竹种。散生竹。植物体中二氧化硅含量高达70%。秆高达15米,直径10厘米,但常见者生长较矮小,新秆深绿色,无毛,节下方具白粉,老秆渐转为绿黄色或黄色,并常具不规则的褐紫色斑点或斑纹;中部节间长达40~50厘米;小竹的秆环常甚隆起,高于箨环,大竹的秆环仅微隆起;秆中部每节分枝,枝开展。笋多为淡橘红色或淡紫红色,受虫害时,笋常为黄色;箨鞘脱落性,背面淡橘红色、淡紫色或黄色,具黑褐色条纹,疏被刺毛和白粉,无斑点或有时具细小斑点,箨耳通常较小,为箨片基部向外延伸而成,呈镰形,具放射状繸毛;小秆的箨鞘背面常光滑无毛,无箨耳和繸毛;箨舌微隆起或作山峰状隆起,高约2毫米,先端具白色短纤毛;箨片三角形或三角状披针形,基部常向内收窄,绿色,具明显紫色脉纹。末级小枝通常仅具一叶;叶鞘紫色,稀为2叶而下部叶鞘超越上部者;叶片椭圆状披针形,长8~22厘米,宽1.5~3.5厘米,先端渐尖,基部宽楔形或圆形,两面无毛,下表面呈粉绿色,次脉4~6对,小横脉明显。笋期4月。

主要用途 笋可供食用;竹材宜整秆使用。

分布范围 分布于湖南南部、广东及广西北部海拔300~1200米山区;在广西灵川,多生于常绿阔叶林内,组成第二层林木,耐阴性强,阳光下栽培则常生长不良。

种质资源 南京市保存摆竹种质资源1份,现保存于南京林业大学白马校区,面积不足1亩。该份种质资源由南京林业大学1974年引自广西壮族自治区桂林市。具体种质资源情况见表3–6。

表3-6 摆竹种质资源信息

辖区	分布点(个)	种质资源编号	地点	面积(亩)	种质资源归属	备注
溧水区	1	01	南京林业大学白马校区	<1	广西壮族自治区桂林市	2012年由南京林业大学新庄校区移栽

倭形竹 *Indosasa shibataeoides* McClure

形态特征 大节竹属竹种。单轴散生竹。秆高1.6~2米，直径0.8厘米左右，节间长为10~20厘米，无毛，靠近顶部的几节发生强烈的"之"字形膝曲，部分节间极度短缩，亦折曲，中空；秆环显著肿大，秆每节分枝3，不等粗，开展。箨鞘早落，背面无毛，微被白粉边缘向顶端生小纤毛。箨耳微小，由箨片基部延展形成；被糙毛，繸毛少而细；箨舌很矮。弧形，背面被糙毛，边缘生短小纤毛。箨叶披针形，外翻淡紫红色，上面稍短糙。小枝具叶1~2，无叶耳和鞘口繸毛。叶片披针形或长圆状披针形，长5~10厘米，宽1~1.8厘米，无毛。笋期5月。

主要用途 配置于山石旁或盆栽观赏。

分布范围 自然分布于广东省。

种质资源 南京市保存倭形竹种质资源1份，保存于南京林业大学新庄校区，为1996年引自浙江省安吉县竹种园，种质资源归属为广东省罗浮山，但原产地自然分布倭形竹现已灭绝。具体种质资源情况见表3-7。

表3-7 倭形竹种质资源信息

辖区	分布点（个）	种质资源编号	地点	面积（亩）	种质资源归属	备注
玄武区	1	01	南京林业大学新庄校区	<0.5	广东省罗浮山	1996年引种

中华大节竹 *Indosasa sinica* C. D. Chu et C. S. Chao

形态特征 大节竹属竹种。地下茎单轴型。植物体中二氧化硅含量高达70%。秆高达10米，直径约6厘米，新秆绿色，密被白粉，疏生小刺毛，因而略粗糙，老秆带褐色或深绿色；秆中部节间长35~50厘米，秆壁甚厚，中空小；秆环甚隆起，呈曲膝状；秆每节分3枝，枝近平展，枝环隆起。箨鞘背面绿黄色，干后黄色，具隆起纵肋，并密被簇生的小刺毛，在下半部尤密；箨耳发达，较小，两面均生有小刺毛，繸毛卷曲，长1~1.5厘米；箨舌高2~3毫米，背部有小刺毛，先端微呈拱形，其上具纤毛；箨片绿色，三角状披针形，外翻，两面密被小刺毛，粗糙。末级小枝具3~9叶；叶耳发达，或有时不明显，繸毛带紫色，长达8毫米，早落；叶片通常为带状披针形，长12~22厘米，宽1.5~3厘米，位于叶枝顶端的叶片有时宽达5~6厘米，两面绿色无毛，次脉5~6对，小横脉明显，呈方格状。笋期4月。

主要用途 笋可食，味苦；秆可供小型建筑或棚架之用；根系发达，亦可用于水土保持。

分布范围 主要分布于贵州南部、广西、云南南部和东南部。多生于低海拔地区，成片生长或散生。

种质资源 南京市保存中华大节竹种质资源1份，由南京林业大学1974年引自广西壮族自治区桂林市，种植在南京林业大学新庄校区，2012年分栽至南京林业大学白马校区，两地总面积不足1.5亩。具体种质资源情况见表3-8。

表3-8 中华大节竹种质资源信息

辖区	分布点（个）	种质资源编号	地点	面积（亩）	种质资源归属	备注
玄武区	1	01	南京林业大学新庄校区	<0.5	广西壮族自治区桂林市	1974年引种
溧水区	1	01	南京林业大学白马校区	<1	广西壮族自治区桂林市	2012年由南京林业大学新庄校区分栽

唐竹 *Sinobambusa tootsik* (Sieb.) Makino

形态特征 唐竹属竹种。地下茎为单轴散生，有时复轴混生。秆高5~12米，直立，直径粗2~6厘米，幼秆深绿色，无毛，被白粉，尤以在下方更为显著，老秆无毛，有纵脉；节间长30~40厘米，最长达80厘米，在分枝一侧扁平而有沟槽；箨环木栓质隆起，初具紫褐色刚毛；秆环亦隆起，与箨环近同高；节内略凹下。秆基部者箨耳微弱，秆中部者箨耳伸出，呈卵状至椭圆状，秆先端者箨耳通常呈镰刀状弯曲，棕褐色，表面粗糙或被绒毛，边缘具长达2厘米波曲继毛；箨舌高4毫米，呈拱形，边缘平整，具短纤毛乃至无毛；箨片披针形乃至长披针形，绿色，外翻，具纵脉与小横脉，边缘具稀疏锯齿，先端渐尖，基部略向内收窄而后外延，脱落性；秆中部每节通常分3枝，主枝稍粗，基部略呈四方形，与秆有较大角度的开展，有时每节多达5~7枝，其节环甚为隆起，高度近于箨环的一倍，但末级分枝之二环则同高，具3~6（9）叶；叶鞘长表面无毛，边缘具纤毛；叶耳不明显，偶见有呈卵状而开展者；鞘口继毛波曲长达15毫米，略呈放射状，脱落性；叶舌短，先端截形或近圆形，高1~1.5毫米；叶片呈披针形或狭披针形，长6~22厘米，宽1~3.5厘米，先端渐尖，下表面略带灰白色并具细柔毛。笋期5月。

主要用途 笋苦难以食用；竹材较脆，节间较长，常用作吹火管或搭棚架、篱笆；生长茂盛，挺拔，常用作庭园观赏。

分布范围 分布于福建、广东、广西等省份。越南北部也有天然分布，日本、美国檀香山与欧洲早有引种栽培。

种质资源 南京市保存唐竹种质资源1份，由南京林业大学1974年引自浙江省林业科学研究院，但具体种质资源归属不明。雨花台区菊花台竹园、南京林业大学新庄校区和白马校区的唐竹为同一份种质资源。具体种质资源情况见表3-9。

表3-9 唐竹种质资源信息

辖区	分布点（个）	种质资源编号	地点	面积（亩）	种质资源归属	备注
玄武区	1	01	南京林业大学新庄校区	<0.5	不详	1974年引种
雨花台区	1	01	菊花台竹园	<0.1	不详	1991年由南京林业大学新庄校区引种
溧水区	1	01	南京林业大学白马校区	<1	不详	2012年由南京林业大学新庄校区分栽

肾耳唐竹 *Sinobambusa nephroaurita* C. D. Chu et C. S. Chao

形态特征　唐竹属竹种。秆高6~8米，直径粗2~3厘米；节间长30~45厘米，起初略被白粉和白色粗毛，具隆起纵肋，中空，秆髓稍呈屑状，分枝以下的节间圆柱状，分枝以上的节间则下半部扁平；箨环明显，初被棕色刚毛，后呈木栓质隆起而无毛；秆环隆起，节下方具白粉环。箨鞘革质早落性，近长圆形，背面起初为绿色或黄褐色，疏生紫褐色刺毛，具纵肋，边缘具黄褐色纤毛或至无毛，基部密生深褐色刚毛；箨舌高2~3毫米，拱形，全缘，先端具细纤毛或近无毛；箨耳发达肾形，最大者长可达15毫米，宽9毫米，一般的长为7~8毫米，宽4~5毫米；表面粗糙，繸毛呈放射状，其长为10~15毫米；箨片通常外翻或开展，秆先端者狭披针形直立，秆中部的箨片为三角形至披针形；两面均被白柔毛，边缘生有锯齿，先端渐尖至急尖，基部略向内收窄。秆每节分3~5枝，分枝节间扁平。末级小枝具4~6叶；叶鞘长5厘米，具隆起纵肋，表面无毛，边缘生纤毛；叶耳微弱或不发达，繸毛直立，白色，长达1厘米；叶舌甚短，先端截平或略呈拱形；叶片宽披针形至狭披针形，质薄，长11~18厘米，宽11~16毫米，两面无毛，边缘生小锯齿，基部渐尖或钝圆，先端渐尖或急尖，次脉4~6对，两面均可见小横脉，叶柄长2~4毫米，无毛。笋期4~5月。

主要用途　利用价值同唐竹。

分布范围　主要分布于四川、广东和广西等省份。

种质资源　南京市保存肾耳唐竹种质资源1份，由南京林业大学1996年引自浙江省林业科学研究院，种植于南京林业大学新庄校区，2012年移植至白马校区，面积不足1亩。该份种质资源归属不明。具体种质资源情况见表3-10。

表3-10　肾耳唐竹种质资源信息

辖区	分布点（个）	种质资源编号	地点	面积（亩）	种质资源归属	备注
溧水区	1	01	南京林业大学白马校区	<1	不详	2012年由南京林业大学新庄校区移栽

平竹 *Qiongzhuea communis* Hsueh

形态特征 筇竹属竹种。地下茎复轴混生型。秆高3~7米，粗1~3厘米；节间长（8）15~18（25）厘米，基部节间略呈四方形或为圆筒形，平滑无毛，秆壁厚3~5毫米；秆环在不分枝的节平坦或微隆起；节内长2~4毫米。箨鞘早落，纸质或厚纸质，鲜笋时为墨绿色，解箨时为浅黄褐色，长圆形或长三角形，背部平滑无毛，有光泽，纵脉纹不甚明显；无箨耳；箨舌高约1毫米；箨片三角形或锥形，长5~11毫米，无毛，纵脉纹明显，基部与箨鞘顶端连接处有明显的关节，故易脱落，边缘常内卷；秆每节常具3枝，枝环隆起。末级小枝具（1）2或3叶；叶鞘革质，无毛而略有光泽，背部上方具1纵脊和多数纵肋，长2~4厘米；叶耳缺，但在鞘口有直立继毛数条，其长为3~7毫米；叶舌低矮，高约1毫米，截形，上缘无继毛；叶柄长2~3毫米，叶片披针形，长（5）8~12厘米，宽（8）13~20毫米，纸质，上表面深绿色，无毛，下表面淡绿色，具微毛，次脉4或5对，小横脉清晰，边缘的一侧密生细锯齿而粗糙，另一侧则具疏细锯齿或平滑。笋期5月。

主要用途 笋供食用；篾质柔软，韧性强，适于编织竹席；幼竹可供造纸和槌作建筑用的竹麻。

分布范围 产于湖北、四川、贵州等省份。生于海拔1600~2000米的山地。

种质资源 南京市保存平竹种质资源1份，由南京林业大学1986年引自四川省都江堰市原四川省林业学校竹园，但具体种质资源归属不明。2012年，由南京林业大学新庄校区移栽至白马校区，具体种质资源情况见表3-11。

表3-11 平竹种质资源信息

辖区	分布点（个）	种质资源编号	地点	面积（亩）	种质资源归属	备注
溧水区	1	01	南京林业大学白马校区	<1	不详	2012年由南京林业大学新庄校区移栽

筇竹 *Qiongzhuea tumidinoda* Hsueh et Yi

形态特征 筇竹属竹种。秆高可达6米，节间圆筒形，秆下部不分枝，绿色，光滑无毛，秆壁甚厚，箨环因有箨鞘基部的残留物而略呈木质环状，秆环格外隆起，秆芽成三角状桃形，先出叶为革质，秆箨紫红色或紫色带绿，厚纸质，鞘的上部边缘密生淡棕色长纤毛；无箨耳，鞘口拱形，箨片较短小，钻形或锥状披针形；叶鞘圆筒形，无叶耳，灰白色；叶舌极矮；叶柄平滑无毛；叶片狭披针形，上表面绿色，下表面灰绿色。笋期4月。

主要用途 笋肉厚、质脆、味美，干笋黄褐色并略具光泽；秆为制作手杖和烟杆的上等材料；竹节畸形隆起成算盘珠状，枝叶细长洒脱，植株挺拔刚劲，常用作盆景或园林绿化。

分布范围 分布于四川省宜宾地区和云南省昭通地区，即云贵高原东北缘向四川盆地过渡的亚高山地带。生于温凉潮湿的气候，尤其适宜于沟边、半隐蔽地。

种质资源 南京市保存筇竹种质资源1份，由南京林业大学1986年由云南省昭通市采种，播种繁殖后种植于南京林业大学新庄校区竹园，但具体种质资源归属不明。具体种质资源情况见表3-12。

表3-12 筇竹种质资源信息

辖区	分布点（个）	种质资源编号	地点	面积（亩）	种质资源归属	备注
玄武区	1	01	南京林业大学新庄校区	<0.5	不详（云南省昭通市）	1986年种子繁殖

锦竹 *Hibanobambusa tranguillans* f. *shiroshima* H. Okamura

形态特征 阴阳竹属阴阳竹的变型，又称为白纹阴阳竹。该变型与阴阳竹的显著区别在于叶片绿色有白色纵条纹，秆、枝也呈现少数白色纵条纹。通常一年生竹的叶片白色纵条纹多；多年生竹叶片呈现绿色多。秆高3~5米，直径1~3厘米；节间长达35厘米，深绿色，无毛，节下常被一圈白粉，秆壁厚2~4毫米；箨环稍隆起，无毛；秆环隆起，秆每节分枝1，长达60厘米。箨鞘背面具多数脉纹，被白色长刚毛，边缘密被纤毛；箨耳及边缘燧毛发达；箨舌高0.5~1毫米；箨片无毛；小枝具叶（4）7~9；叶片长15~25厘米，宽4~5厘米，先端渐尖，基部阔楔，两面无毛，次脉5~7对，小横脉清晰，组成长方形或方形，边缘小锯齿细密。笋期4月下旬至5月中旬。

主要用途 珍稀彩叶观赏地被竹种，观赏价值较高，可用于园林绿化或盆栽观赏。

分布范围 原产日本本州中部，中国上海、南京、杭州、福州、成都等地有栽培。可抵抗干旱和寒冷环境。

种质资源 南京市保存锦竹种质资源1份，由南京林业大学1982年引自日本富士植物园，2012年由南京林业大学新庄校区分栽至白马校区，两地总面积约1.5亩。具体种质资源情况见表3-13。

表3-13 锦竹种质资源信息

辖区	分布点（个）	种质资源编号	地点	面积（亩）	种质资源归属	备注
玄武区	1	01	南京林业大学新庄校区	<0.5	日本	1982年引种
溧水区	1	01	南京林业大学白马校区	<1	日本	2012年由南京林业大学新庄校区分栽

水竹 *Phyllostachys heteroclada* Oliver

形态特征 刚竹属竹种。秆高 6 米，茎粗可达 3 厘米，幼秆具白粉并疏生短柔毛；节间长达 30 厘米，壁厚 3~5 毫米；秆环在较粗的秆中较平坦，与箨环同高，在较细的秆中则明显隆起而高于箨环；节内长约 5 毫米；分枝角度大，以致接近于水平开展。箨鞘背面深绿带紫色（在细小的笋上则为绿色），无斑点，被白粉，无毛或疏生短毛，边缘生白色或淡褐色纤毛；箨耳小，但明显可见，淡紫色，卵形或长椭圆形，有时呈短镰形，边缘有数条紫色继毛，在小的箨鞘上则可无箨耳及鞘口继毛或仅有数条细弱的继毛；箨舌低，微凹乃至微呈拱形，边缘生白色短纤毛；箨片直立，三角形至狭长三角形，绿色、绿紫色或紫色，背部呈舟形隆起。末级小枝具 2 叶，稀可 1 或 3 叶；叶鞘除边缘外无毛；无叶耳，鞘口继毛直立，易断落；叶舌短；叶片披针形或线状披针形，长 5.5~12.5 厘米，宽 1~1.7 厘米，下表面在基部有毛。笋期 4~5 月。

主要用途 竹材韧性好，篾用，宜编制各种器具和工艺品，亦可生产竹油和竹炭；竹笋味鲜甘甜。

分布范围 主要分布于江苏、安徽、浙江、湖北、湖南、贵州、重庆等省份。

种质资源 南京市保存水竹种质资源 37 份，全部为当地野生资源。其中，六合区 4 份、高淳区 7 份、雨花台区 2 份、浦口区 3 份、江宁区 17 份、溧水区 1 份、栖霞区 2 份和玄武区 1 份。水竹在南京分布广泛，不论是林下、林缘、道路边或是水边均有大量分布，面积 3300 余亩。具体种质资源情况见表 3-14。

表3-14 水竹种质资源信息

辖区	分布点（个）	种质资源编号	地点	面积（亩）	种质资源归属	备注
六合区	4	01	止马岭竹镇林场	30	南京市六合区	阔叶林下
		02	瓜埠果园	50	南京市六合区	道路两旁
		03	东沟林场	180	南京市六合区	杉木、栎树林下
		04	平山林场	300	南京市六合区	阔叶林下

（续）

辖区	分布点（个）	种质资源编号	地点	面积（亩）	种质资源归属	备注
高淳区	7	05	固城街道	150	南京市高淳区	阔叶林下及道路边
		06	漆桥街道	100	南京市高淳区	道路两边
		07	桠溪街道	300	南京市高淳区	道路旁
		08	东坝街道	500	南京市高淳区	阔叶林下和道路旁
		09	青山林场	250	南京市高淳区	阔叶林和针叶林下
		10	大荆山林场	200	南京市高淳区	针叶林下
		11	傅家坛林场	120	南京市高淳区	针叶林下
雨花台区	2	12	将军山	35	南京市雨花台区	阔叶林下、池塘边
		13	雨花台竹园	<0.1	南京市雨花台区	引种栽培
浦口区	3	14	老山林场	80	南京市浦口区	公路两旁
		15	珍珠泉风景区	20	南京市浦口区	阔叶林下
		16	大桥林场	5	南京市浦口区	道路两旁
江宁区	17	17	东善桥林场东善分场	60	南京市江宁区	林缘和阔叶林下
		18	东善桥林场东坑分场	200	南京市江宁区	林缘和道路两旁
		19	东善桥林场云台分场	160	南京市江宁区	阔叶林下和水塘边
		20	东善桥林场铜山分场	120	南京市江宁区	道路两旁
		21	牛首山林场	10	南京市江宁区	栎树混交
		22	东山街道林场	5	南京市江宁区	针叶林下
		23	横山社区	20	南京市江宁区	道路两旁
		24	石塘	30	南京市江宁区	道路边
		25	朱门	40	南京市江宁区	道路边
		26	西宁社区	30	南京市江宁区	道路边
		27	陶阳路	10	南京市江宁区	道路边
		28	白头山	40	南京市江宁区	林缘
		29	赵宕水库	50	南京市江宁区	水边和阔叶林下
		30	汤山山顶公园	20	南京市江宁区	公园花坛
		31	青龙山林场	50	南京市江宁区	林缘与林下
		32	青龙山矿泉水厂	30	南京市江宁区	道路边和厂房边
		33	方山	10	南京市江宁区	林缘
溧水区	1	34	东屏镇卧龙山	20	南京市溧水区	山脚，路边
栖霞区	2	35	燕子矶-幕府山	1	南京市栖霞区	林下
		36	栖霞山-西岗	50	南京市栖霞区	林下和林缘
玄武区	1	37	紫金山	40	南京市玄武区	林下

实心竹 Phyllostachys heteroclada f. solida

形态特征　刚竹属水竹的变型。该变型与水竹的不同在于秆壁特别厚，在较细的秆中则为实心或近于实心。秆上部的节间在分枝的对侧也多少有些扁平，以致略呈方形，基部或下部的 1 或 2 节间有时极为短缩呈算盘珠状。

主要用途　竹材坚硬，宜搭瓜棚豆架；笋可食用。

分布范围　分布于江苏、安徽、浙江、贵州及湖南等省份，生境同水竹。美国有引种栽培。

种质资源　南京市保存实心竹种质资源 2 份，均为野生，自然分布于南京市高淳区大荆山林场和溧水区白马镇，总面积约 80 亩。实心竹大部分生长于针叶林下，与水竹混交，整体呈块状分布。具体种质资源情况见表3-15。

表3-15　实心竹种质资源信息

辖区	分布点（个）	种质资源编号	地点	面积（亩）	种质资源归属	备注
高淳区	1	01	大荆山林场	30	南京市高淳区	野生，针叶林下，与水竹混交
溧水区	1	02	白马镇	50	南京市溧水区	野生，呈块状分布

篌竹 *Phyllostachys nidularia* Munro

形态特征　刚竹属竹种。秆高达10米，粗4厘米，节间最长可达30厘米，壁厚仅约3毫米；秆劲直，分枝斜上举而使植株狭窄，呈尖塔形，幼秆被白粉；秆环同高或略高于箨环；箨环最初有棕色刺毛。箨鞘薄革质，背面新鲜时绿色，无斑点，上部有白粉及乳白色纵条纹，中、下部则常为紫色纵条纹，基部密生淡褐色刺毛，愈向上刺毛渐稀疏，边缘具紫红色或淡褐色纤毛；箨耳大，系由箨片下部向两侧扩大而成，三角形或末端延伸成镰形，新鲜时绿紫色，疏生淡紫色继毛；箨舌宽，微作拱形，紫褐色，边缘密生白色微纤毛；箨片宽三角形至三角形，直立，舟形，绿紫色。末级小枝仅有1叶，稀可2叶，叶片下倾；叶耳及鞘口继毛均微弱或俱缺；叶舌低，不伸出；叶片呈带状披针形，长4~13厘米，宽1~2厘米，无毛或在下表面的基部生有柔毛。笋期4~5月。

主要用途　秆壁薄，竹材较脆，细秆作篱笆，粗秆劈篾编织虾笼，竹材用于造纸；笋味美，供食用；植株冠辐狭而挺立，叶下倾，体态优雅，宜植庭园；竹鞭发育土壤近表层，可用于营造水土保持和水源涵养林。

分布范围　分布于陕西、河南、湖北和长江流域及其以南各地，多系野生。

种质资源　南京市保存篌竹种质资源16份，其中15份为野生资源，1份由南京林业大学1956年引自江苏省句容市。16份种质资源中，六合区2份、高淳区1份、雨花台区2份、浦口区1份、江宁区8份、溧水区3份和玄武区1份。南京市篌竹均为野生资源，多数分布于林下及道路边，长势一般，平均径粗约为1厘米。具体种质资源情况见表3-16。

表3-16 篌竹种质资源信息

辖区	分布点（个）	种质资源编号	地点	面积（亩）	种质资源归属	备注
六合区	2	01	止马岭竹镇林场	30	南京市六合区	野生，与水竹混交
		02	灵岩山林场	3	南京市六合区	野生，分布于道路旁
高淳区	1	03	大荆山林场	60	南京市高淳区	野生，针叶林下与水竹混交
雨花台区	2	04	将军山	5	南京市雨花台区	野生，生于阔叶林下
		05	雨花台风景区	<0.1	江苏省句容市	由南京林业大学新庄校区引进
浦口区	1	06	老山林场	30	南京市浦口区	野生，生于公路两旁
江宁区	8	07	东善桥林场东坑分场	1	南京市江宁区	野生，与水竹混交
		08	东善桥林场铜山分场	20	南京市江宁区	野生，杉木、毛竹林下
		09	东善桥林场横山分场	10	南京市江宁区	野生，阔叶林下
		10	牛首山林场	30	南京市江宁区	野生，道路两旁
		11	横山社区	15	南京市江宁区	野生，马尾松林下
		12	石塘	5	南京市江宁区	野生，生于道路边
		13	西宁社区	100	南京市江宁区	野生，生于道路边
		14	汤山山顶公园	50	南京市江宁区	野生，生于林缘
溧水区	3	15	东屏镇卧龙山	10	南京市溧水区	野生，呈块状生长
		16	光明村	5	南京市溧水区	野生，沿道路两边生长
		05	南京林业大学白马校区	<5	江苏省句容市	2012年，由南京林业大学新庄校区分栽
玄武区	1	05	南京林业大学新庄校区	<0.5	江苏省句容市	1956年引种栽培

光箨篌竹 *Phyllostachys nidularia* Munro f. *glabrovagina* Wen

形态特征 刚竹属篌竹的变型。该变型与篌竹的差异在于箨鞘无毛,叶鞘脱落性,末级小枝通常具1叶。

主要用途 竹秆壁薄,竹材较脆,细秆作篱笆,粗秆劈篾编织虾笼;笋味美,供食用;植株冠辐狭而挺立,叶下倾,体态优雅,亦可用作布置庭园。

分布范围 分布于陕西、河南、湖北和长江流域及以南各地。

种质资源 南京市保存光箨篌竹种质资源1份,由南京林业大学2012年自新庄校区移栽于白马校区,面积不足1亩。具体种质资源情况见表3-17。

表3-17 光箨篌竹种质资源信息

辖区	分布点(个)	种质资源编号	地点	面积(亩)	种质资源归属	备注
溧水区	1	01	南京林业大学白马校区	<1	不详	2012年由南京林业大学新庄校区移栽

黄槽篌竹 *Phyllostachys nidularia* Munro f. *mirabilis* Yi et C. G. Chen

形态特征 刚竹属篌竹的变型。该变型与篌竹的差异在于箨鞘无毛，叶鞘脱落性，末级小枝通常具1叶。

主要用途 利用价值同篌竹，因竹秆具有黄色沟槽，亦可种植用作观赏。

分布范围 原产四川、重庆等地。

种质资源 南京市保存黄槽篌竹种质资源1份，由南京林业大学2002年引自四川省华蓥市，2012年由南京林业大学新庄校区分栽至白马校区，两地总面积约1.5亩。具体种质资源情况见表3-18。

表3-18 黄槽篌竹种质资源信息

辖区	分布点（个）	种质资源编号	地点	面积（亩）	种质资源归属	备注
玄武区	1	01	南京林业大学新庄校区	<0.5	四川省华蓥市	2002年引种
溧水区	1	01	南京林业大学白马校区	<1	四川省华蓥市	2012年由南京林业大学新庄校区分栽

安吉金竹 *Phyllostachys parvifolia* C. D. Chu et H. Y. Chou

形态特征 刚竹属竹种。秆高 8 米,直径 5 厘米,节间最长 24 厘米,壁厚约 4 毫米;幼秆绿色,有紫色细纹,被浓白粉,老秆灰绿色;秆环微隆起与箨环同高或高于箨环,秆下部数节者则低于箨环。箨鞘背面淡褐色或淡紫红色,具淡黄褐色脉纹或在箨鞘上部具黄白色脉纹,无斑点,无毛,被薄白粉,边缘有白色纤毛;箨耳及鞘口继毛俱缺,或有少数条继毛,或在秆之上部秆箨的箨片基部延伸成小箨耳,并可有少数条细短的继毛;箨舌宽,高 2~2.5 毫米,拱形或尖拱形,暗绿至紫红色,生短纤毛;箨片三角形或三角状披针形,绿色,边缘或上部带紫红色,直立,波状弯曲。末级小枝具 2 叶,稀 1 叶;叶耳不明显,鞘口继毛数条,直立;叶舌伸出;叶片较小,披针形或带状披针形,长 3.5~6.2 厘米,宽 0.7~1.2 厘米。笋期 5 月上旬。

主要用途 笋可食用;秆供柄材,也可剖篾编席。

分布范围 分布于浙江省。

种质资源 南京市保存安吉金竹种质资源 1 份,由南京林业大学 2003 年引自浙江省安吉县竹种园,2012 年移栽至南京林业大学白马校区竹类植物种质资源圃,面积近 1 亩。具体种质资源情况见表 3-19。

表3-19 安吉金竹种质资源信息

辖区	分布点(个)	种质资源编号	地点	面积(亩)	种质资源归属	备注
溧水区	1	01	南京林业大学白马校区	<1	浙江省安吉县	2003年引自浙江省安吉县竹种园

河竹 *Phyllostachys rivalis* H. R. Zhao et A. T. Liu

形态特征 刚竹属竹种。秆高4米，直径1.5~2厘米，节间最长为24厘米，壁厚2.5~3毫米；幼秆褐紫色或黄绿色，有不明显的紫色纵条纹，具白粉及向下的细刺毛，尤以节下方为密，老秆棕黄色，略带紫，二、三年生秆仍有刺毛或粗糙；秆环隆起，高于箨环；箨环最初生有纤毛。箨鞘纸质，绿色；在阳光下常迅速变为褐紫色或上端乳白色有绿色脉纹及不甚明显的紫色纵条纹，背部有时散生褐色小斑点，无毛或疏生易落的刺毛，底部有时密生短柔毛，上部边缘生淡棕色纤毛；末级小枝具（2）3~5（7）叶，叶鞘紫色，被柔毛，上部尤密；叶片较小，质地稍厚，长圆状披针形，长4.6~8厘米，宽0.6~1.1厘米，下表面最初被柔毛。笋期5月初。

主要用途 笋味尚佳；秆做篱笆及蚊帐秆用，亦可作护坡竹种。

分布范围 分布于浙江、福建及广东，江苏南京也有野生分布。喜水湿，生于溪涧边、山沟旁。

种质资源 南京市保存河竹种质资源1份，分布于高淳区固城街道池塘边，面积仅2亩，为本地野生资源。具体种质资源情况见表3-20。

表3-20 河竹种质资源分布

辖区	分布点（个）	种质资源编号	地点	面积（亩）	种质资源归属	备注
高淳区	1	01	固城街道	2	南京市高淳区固城街道	野生资源，位于池塘边

黄古竹 *Phyllostachys angusta* McClure

形态特征 刚竹属竹种。秆高达8米，粗3~4厘米，中部节间长达26厘米，壁厚约3毫米；秆劲直，幼秆微被白粉，老秆灰绿色；秆环微隆起，与箨环同高。箨鞘背面乳白色或带黄绿色，有宽窄不等的紫色纵条纹和稀疏的褐色小斑点，背部光滑无毛，无白粉，边缘生纤毛；箨耳及鞘口繸毛俱缺；箨舌黄绿色，狭而高，先端截平或微隆起，有缺刻，具灰白色长达0.5厘米的细纤毛；箨片带状，平直，开展或外翻，淡绿乳黄色或有时带紫色。末级小枝具2或3叶；叶耳和鞘口繸毛均缺或有时仅具鞘口繸毛；叶舌明显伸出，黄绿色；叶片呈带状披针形或披针形，长5~17厘米，宽1.2~2厘米，除下表面基部有毛外，两表面无毛或近于无毛。笋期4月下旬。

主要用途 笋可食用；材性韧且篾性好，宜编制细竹器及工艺品，亦可栽培作观赏。

分布范围 分布于河南、江苏、浙江等地。1907年，美国从浙江余杭塘栖镇引种。

种质资源 南京市保存黄古竹种质资源3份。其中，六合区保存2份，引自安徽省，但具体种质资源归属不明；浦口区老山林场1份引自南京林业大学新庄校区，种质资源归属为江苏省宜兴市。具体种质资源情况见表3-21。

表3-21 黄古竹种质资源信息

辖区	分布点（个）	种质资源编号	地点	面积（亩）	种质资源归属	备注
六合区	2	01	瓜埠果园	5	不详（安徽省）	引种栽培
		02	东沟林场	30	不详（安徽省）	引种栽培
浦口区	1	03	老山林场	100	江苏省宜兴市	引自南京林业大学新庄校区
玄武区	1	03	南京林业大学新庄校区	1	江苏省宜兴市	引种栽培

石绿竹 *Phyllostachys arcana* McClure

形态特征 刚竹属竹种。地下茎为单轴散生。秆高8米,粗约3厘米,劲直,幼秆绿色,被白粉,无毛,节紫色,节间具紫色晕斑,老秆绿色或黄绿色;节间长达20厘米,壁厚2~3毫米;秆环强隆起而高于隆起的箨环。箨鞘背面淡绿紫色或黄绿色,有紫色纵脉纹,被白粉,因脉间具疣基微刺毛而粗糙,秆基部箨鞘有紫色斑点,渐至秆上部者则可无斑点;箨耳及鞘口䍁毛俱缺;箨舌狭而高,高4~8毫米,淡紫色或黄绿色,先端强隆起呈山峰状,具缺刻或呈撕裂状,基部两侧或一侧明显下延,边缘生短纤毛;箨片带状,绿色,有紫色纵脉纹,平直或秆下部者微皱曲,外翻。末级小枝具2~3叶;叶耳及鞘口䍁毛俱缺;叶舌强烈伸出,先端弧形,易破碎;叶片带状披针形,长7~11厘米,宽1.2~1.5厘米,两面无毛,或于下表面的基部偶有长柔毛。4月上中旬出笋。

主要用途 笋可食用;竹材坚硬,不易劈篾,可作农具柄或竹器脚柱等。

分布范围 分布于黄河流域和长江流域及以南各地。

种质资源 南京市保存石绿竹种质资源2份。南京市江宁区东善桥林场东坑分场1份,为当地野生种质资源;雨花台区雨花台竹园1份为引自南京林业大学新庄校区,但种质资源归属不明。具体种质资源情况见表3-22。

表3-22 石绿竹种质资源分布

辖区	分布点(个)	种质资源编号	地点	面积(亩)	种质资源归属	备注
江宁区	1	02	东善桥林场东坑分场	2	南京市江宁区	野生资源,与杉木混交
雨花台区	1	01	雨花台竹园	<0.1	不详	引自南京林业大学新庄校区

黄槽石绿竹 *Phyllostachys arcana* McClure f. *luteosulcata* C. D. Chu et C. S. Chao

形态特征　刚竹属石绿竹的变型。该变型与石绿竹的区别在于竹秆纵槽为黄色。秆高8米，粗约3厘米，节间长达20厘米，壁厚2~3毫米；秆劲直，幼秆绿色，被白粉，无毛，节紫色，节间具紫色晕斑，老秆绿色或黄绿色；秆环强隆起而高于隆起的箨环。箨鞘背面淡绿紫色或黄绿色，有紫色纵脉纹，被白粉，因脉间具疣基微刺毛而粗糙，秆基部箨鞘有紫色斑点，渐至秆上部者则可无斑点；箨耳及鞘口繸毛俱缺；箨舌狭而高，高4~8毫米，淡紫色或黄绿色，先端强隆起呈山峰状，缺刻或呈撕裂状，基部两侧或一侧明显下延，边缘生短纤毛；箨片带状，绿色，有紫色纵脉纹，平直或秆下部者微皱曲，外翻。末级小枝具2~3叶；叶耳及鞘口繸毛俱缺；叶舌强烈伸出，先端弧形，易破碎；叶片带状披针形，长7~11厘米，宽1.2~1.5厘米，两面无毛，或于下表面的基部偶有长柔毛。笋期4月上中旬。

主要用途　主要用于栽培观赏。

分布范围　主要分布于江苏、浙江、安徽等地。

种质资源　南京市保存黄槽石绿竹种质资源1份。雨花台区菊花台竹园、江宁区牛首山、南京林业大学新庄校区和白马校区均为同一份种质资源，由南京林业大学引自外地，但具体种质资源归属不明。具体种质资源情况见表3-23。

表3-23　黄槽石绿竹种质资源分布

辖区	分布点（个）	种质资源编号	地点	面积（亩）	种质资源归属	备注
玄武区	1	01	南京林业大学新庄校区	<0.5	不详	引种栽培
雨花台区	1	01	菊花台竹园	<0.1	不详	由南京林业大学新庄校区引种
江宁区	1	01	牛首山林场	5	不详	由南京林业大学新庄校区引种
溧水区	1	01	南京林业大学白马校区	<1	不详	2012年由南京林业大学新庄校区分栽

罗汉竹 *Phyllostachys aurea* Carr. ex A. et C. Riv.

形态特征 刚竹属竹种，又称人面竹。秆劲直，高5~12米，直径粗2~5厘米，中部节间长15~30厘米，秆壁厚4~8毫米；秆劲直，幼时被白粉，无毛，成长的秆呈绿色或黄绿色；基部或有时中部的数节间极缩短，缢缩或肿胀，或其节交互倾斜，中、下部正常节间的上端也常明显膨大；秆环中度隆起与箨环同高或略高；箨环幼时生一圈白色易落的短毛。箨鞘背面黄绿色或淡褐黄带红色，无白粉，上部两侧常枯干而呈草黄色，背部有褐色小斑点或小斑块，无毛，但沿底部生白色短毛；箨耳及鞘口繸毛俱缺；箨舌很短，淡黄绿色，先端截形或微呈拱形，有淡绿色的细长纤毛；箨片狭三角形至带状，开展或外翻而下垂，下部者多皱曲，上部者常平直，绿色而具黄色边缘。末级小枝有2或3叶；叶鞘无毛；叶耳及鞘口繸毛早落或无；叶舌极短；叶片狭长披针形或披针形，长6~12厘米，宽1~1.8厘米，仅下表面基部有毛或全部无毛。笋期5月中旬。

主要用途 笋鲜美可食；株型美观、节间花纹紧凑奇特，枝叶茂密、四季青绿，观赏性高；秆型奇特，是制作旅游工艺品的天然材料。

分布范围 产于黄河流域以南各省份，在福建闽清及浙江建德尚可见野生竹林。世界各地多已引种栽培。

种质资源 南京市保存罗汉竹种质资源1份。雨花台区雨花台竹园、雨花台区菊花台竹园、六合区竹程小学、南京林业大学新庄校区和白马校区种植的罗汉竹均为同一份种质资源，但具体种质资源归属不清。具体种质资源情况见表3-24。

表3-24 罗汉竹种质资源分布

辖区	分布点（个）	种质资源编号	地点	面积（亩）	种质资源归属	备注
玄武区	1	01	南京林业大学新庄校区	<0.5	不详	1956年引种
雨花台区	2	01	菊花台竹园	<0.1	不详	1991年引自南京林业大学新庄校区
		01	雨花台竹园	<0.1	不详	1997年引自南京林业大学新庄校区
溧水区	1	01	南京林业大学白马校区	<1	不详	2012年由南京林业大学新庄校区移栽
六合区	1	01	竹程小学	<0.01	不详	2016年引自南京林业大学新庄校区

黄槽竹 *Phyllostachys aureosulcata* McClure

形态特征 刚竹属竹种。地下茎为单轴散生。秆高达9米，粗4厘米，在较细的秆之基部有2或3节常作"之"字形折曲，幼秆被白粉及柔毛，毛脱落后手触秆表面微觉粗糙；节间长达39厘米，分枝一侧的沟槽为黄色，其他部分为绿色或黄绿色；秆环中度隆起，高于箨环。箨鞘背部紫绿色常有淡黄色纵条纹，散生褐色小斑点或无斑点，被薄白粉；箨耳淡黄带紫或紫褐色，系由箨片基部向两侧延伸而成，或与箨鞘顶端明显相连，边缘生繸毛；箨舌宽，拱形或截形，紫色，边缘生细短白色纤毛；箨片三角形至三角状披针形，直立或开展，或在秆下部的箨鞘上外翻，平直或有时呈波状。末级小枝2或3叶；叶耳微小或无，繸毛短；叶舌伸出；叶片长约12厘米，宽约1.4厘米，基部收缩成3~4毫米长的细柄。笋期4月中旬至5月上旬。

主要用途 竹秆颜色优美，常用作观赏竹。

分布范围 原产于浙江余杭一带，中国江苏、北京和美国有引种栽培。适应性强，能耐-20℃低温，在干旱瘠薄地往往长成低矮灌木状。

种质资源 南京市保存黄槽竹种质资源1份，由南京林业大学早期引自浙江省安吉县，但种源资源归属不明。雨花台区菊花台竹园和南京林业大学白马校区分别于1997年和2012年引自南京林业大学新庄校区。具体种质资源情况见表3-25。

表3-25 黄槽竹种质资源分布

辖区	分布点（个）	种质资源编号	地点	面积（亩）	种质资源归属	备注
雨花台区	1	01	菊花台竹园	<0.1	不详	引自南京林业大学新庄校区
溧水区	1	01	南京林业大学白马校区	<1	不详	2012年由南京林业大学新庄校区移栽

金镶玉竹 *Phyllostachys aureosulcata* McClure 'Spectabilis' C. D. Chu et C. S. Chao

形态特征 刚竹属黄槽竹的栽培型。该栽培型与黄槽竹的区别在于秆金黄色,但沟槽为绿色,黄绿相间故称为金镶玉。

主要用途 金镶玉竹为竹中珍品,在嫩黄色的竹秆上,每节生枝叶处都有一道碧绿色的浅沟,位置节节交错,一眼望去,如根根金条上镶嵌着块块碧玉,故《古海州志》中称其为"金镶碧嵌竹"。因其秆色美丽,主要供观赏。

分布范围 原产江苏,主要栽培于江苏、浙江等地,北京也有栽培。

种质资源 南京市保存金镶玉竹种质资源1份,由南京林业大学1973年引自连云港花果山,雨花台区菊花台竹园、雨花台区雨花台竹园、南京林业大学白马校区、六合区竹程小学均由南京林业大学新庄校区引种,故5地金镶玉竹为同一份种质资源。具体种质资源情况见表3-26。

表3-26 金镶玉竹种质资源分布

辖区	分布点(个)	种质资源编号	地点	面积(亩)	种质资源归属	备注
玄武区	1	01	南京林业大学新庄校区	<0.5	连云港市花果山	1973年引种
雨花台区	2	01	菊花台竹园	<0.1	连云港市花果山	1991年由南京林业大学新庄校区引种
		01	雨花台竹园	<0.1	连云港市花果山	1997年由南京林业大学新庄校区引种
溧水区	1	01	南京林业大学白马校区	<1	连云港市花果山	2012年由南京林业大学新庄校区分栽
六合区	1	01	竹程小学	<0.01	连云港市花果山	2016年由南京林业大学新庄校区引种

京竹 *Phyllostachys aureosulcata* McClure 'Pekinensis' J. L. Lu

形态特征 刚竹属黄槽竹的栽培型。该栽培型与黄槽竹的区别在于全秆绿色，无黄色纵条纹。

主要用途 笋可食用；多栽培供观赏。

分布范围 分布于北京、江苏、浙江、河南等地。适生在温暖湿润，雨量适中的环境。

种质资源 南京市保存京竹种质资源1份，由南京林业大学1996年引自浙江省安吉县，但种质资源原归属不明，2012年移栽至南京林业大学白马校区。具体种质资源情况见表3-27。

表3-27 京竹种质资源分布

辖区	分布点（个）	种质资源编号	地点	面积（亩）	种质资源归属	备注
溧水区	1	01	南京林业大学白马校区	<1	不详	2012年由南京林业大学新庄校区移栽

桂竹 *Phyllostachys bambusoides* Sieb. et Zucc.

形态特征 刚竹属竹种。散生竹种。秆高可达 20 米，粗达 15 厘米，幼秆无毛，无白粉或被不易察觉的白粉，偶可在节下方具稍明显的白粉环；节间长达 40 厘米，壁厚约 5 毫米；秆环稍高于箨环。箨鞘革质，背面黄褐色，有时带绿色或紫色，有较密的紫褐色斑块与小斑点和脉纹，疏生脱落性淡褐色直立刺毛；箨耳小形或大形而呈镰状，有时无箨耳，紫褐色，繸毛通常生长良好，亦偶可无繸毛；箨舌拱形，淡褐色或带绿色，边缘生较长或较短的纤毛；箨片带状，中间绿色，两侧紫色，边缘黄色，平直或偶可在顶端微皱曲，外翻。末级小枝具 2~4 叶；叶耳半圆形，繸毛发达，常呈放射状；叶舌明显伸出，拱形或有时截形；叶片长 5.5~15 厘米，宽 1.5~2.5 厘米。笋期 5 月。

主要用途 秆粗大，竹材坚硬，篾性也好，为优良用材竹种；笋味微淡涩，可供食用，笋干亦可入药；秆箨可作药品、食品包裹材料。

分布范围 分布于黄河流域至长江以南各省份，从武夷山脉向西经五岭山脉至西南各省均可见野生分布。早年引入日本。

种质资源 南京市保存桂竹种质资源 32 份，但种质资源归属均不明，其中 10 份仅记载来源于安徽省。32 份种质中，六合区 2 份、高淳区 6 份、雨花台区 2 份、浦口区 2 份、江宁区 8 份、溧水区 10 份（大部分桂竹为 1980 年引种自安徽省）、栖霞区 1 份和玄武区 1 份。桂竹在南京市均为人工引种栽培，总面积约 2500 亩，主要为纯林，部分桂竹与针叶林或毛竹混交，长势良好。具体种质资源情况见表 3–28。

表3-28　桂竹种质资源分布

辖区	分布点（个）	种质资源编号	地点	面积（亩）	种质资源归属	备注
六合区	2	01	瓜埠果园	<1	不详	引种栽培，主要是纯林
		02	平山林场	1.5	不详	引种栽培，主要是纯林
高淳区	9	03	固城街道黑土山	5	不详	人工栽植，部分纯林，部分与毛竹、栎树混交
		03	固城街道前进村	45	不详	人工栽植，主要是纯林
		04	漆桥街道茅山村	3	不详	引种栽培，与毛竹混交
		05	东坝街道	0.2	不详	引种栽培，与毛竹混交
		06	青山林场二工区	2	不详	引种栽培，与针叶林混交
		06	青山林场豆腐厂	3	不详	引种栽培，与针叶林混交
		06	青山林场三工区池塘边	5	不详	引种栽培，与针叶林混交
		07	傅家坛林场	0.5	不详	引种栽培，均为纯林
		08	大荆山林场	1.5	不详	引种栽培，均为纯林
雨花台区	2	09	将军山安堂凹水库	<0.1	不详	引种栽培，位于水库边道路旁
		10	雨花台竹园	<0.1	不详	引种栽培，与其他竹种混交

（续）

辖区	分布点（个）	种质资源编号	地点	面积（亩）	种质资源归属	备注
浦口区	2	11	老山林场	50	不详	引种栽培，部分生长于林缘
		12	大桥林场	20	不详	引种栽培，主要为纯林
江宁区	8	13	东善桥林场东善分场	230	不详	纯林，长势良好
		14	东善桥林场东坑分场	80	不详	引种栽培，主要是纯林
		15	东善桥林场云台分场	80	不详	引种栽培，部分与毛竹混交
		16	东善桥林场铜山分场	13	不详	引种栽培，主要是纯林
		17	牛首山林场	100	不详	引种栽培，主要是纯林，长势良好
		18	石塘	4	不详	引种栽培，主要是纯林
		19	朱门	3	不详	引种栽培，主要是纯林
		20	方山门口	0.5	不详	引种栽培，主要是纯林
溧水区	10	21	永阳街道通济街	0.3	不详（安徽省）	路边，人工栽植
		22	横山西路	80	不详（安徽省）	引种栽培，主要为纯林
		23	溧水区林场秋湖分场	100	不详（安徽省）	零星生长
		24	溧水区林场东庐分场	1	不详（安徽省）	人工栽植，长于路边
		25	观音寺	1	不详（安徽省）	人工栽植
		26	龙王庙	200	不详（安徽省）	引种栽培，主要为纯林
		27	白马镇笠帽山	100	不详（安徽省）	1970年引种栽培，主要为纯林
		28	白马镇	100	不详（安徽省）	引种栽植，作笋用林
		29	东庐林场	1000	不详（安徽省）	引种栽植，主要为纯林
		30	大金山	200	不详（安徽省）	1980年引种栽培
栖霞区	1	31	燕子矶-幕府山	6	不详	引种栽培，主要为纯林
玄武区	1	32	南京林业大学新庄校区	<0.5	不详	引种栽培

斑竹 *Phyllostachys bambusoides* Sieb. et Zucc. f. *lacrimadeae* Keng f. et Wen

形态特征 刚竹属桂竹的变型。该变型与桂竹的区别在于秆有紫褐色或淡褐色斑点。

主要用途 竹秆粗大，竹材坚硬，篾性好，为优良材用竹；笋味略涩，可食用；竹秆斑点，可作观赏竹。

分布范围 产于黄河流域及其以南各地，从武夷山脉向西经五岭山脉至西南各省份均可见野生分布。

种质资源 南京市保存斑竹种质资源1份，由南京林业大学1986年引自浙江省安吉县竹种园；2012年分栽至南京林业大学白马校区；1990年，雨花台区菊花台公园引自南京林业大学新庄校区。具体种质资源情况见表3-29。

表3-29　斑竹种质资源分布

辖区	分布点（个）	种质资源编号	地点	面积（亩）	种质资源归属	备注
玄武区	1	01	南京林业大学新庄校区	<0.5	浙江省安吉县	1986年引种
雨花台区	1	01	菊花台公园	<0.1	浙江省安吉县	1990年由南京林业大学新庄校区引种
溧水区	1	01	南京林业大学白马校区	<1	浙江省安吉县	2012年由南京林业大学新庄校区分栽

金明竹 *Phyllostachys bambusoides* Sieb. et Zucc. f. *castillonis*

形态特征 刚竹属桂竹的变型。该变型与桂竹区别在于其秆及主枝硫黄色，其节间与分枝一侧之沟槽中常呈鲜绿色，有时其旁侧亦有同样绿色条纹 2~3 条。

主要用途 观秆、观叶优良观赏竹种，绿化造园、配景或盆栽观赏效果好；笋可食；竹材性能优良。

分布范围 原产日本，长江流域偶有栽培。

种质资源 南京市保存金明竹种质资源 1 份，由南京林业大学 1996 年引自浙江省安吉县竹种园，种植于新庄校区；2012 年分栽至南京林业大学白马校区，但该种质资源归属不明。具体种质资源情况见表 3-30。

表3-30 金明竹种质资源分布

辖区	分布点（个）	种质资源编号	地点	面积（亩）	种质资源归属	备注
玄武区	1	01	南京林业大学新庄校区	<0.5	不详（日本）	1996年，引自浙江省安吉县竹种园
溧水区	1	01	南京林业大学白马校区	<5	不详（日本）	2012年由南京林业大学新庄校区分栽

寿竹 *Phyllostachys bambusoides* Sieb. et Zucc. f. *shouzhu* Yi

形态特征 刚竹属桂竹的变型。该变型与桂竹的区别在于新秆微被白粉，秆环较平坦，节间较长，箨鞘无毛，通常无箨耳和鞘口䍁毛。

主要用途 笋味甜，较毛竹笋味美；重要的材用竹种，秆供制作凉床、竹椅、灰板条、蒸笼和竹帘；秆稍可制作柴耙；枝作扫帚；箨鞘作雨帽和包裹粽子用。

分布范围 分布于四川、重庆东部和湖南南部。

种质资源 南京市保存寿竹种质资源1份，由南京林业大学1997年引自重庆市梁平县；2012年分栽至南京林业大学白马校区，两地总面积约1.5亩。具体种质资源情况见表3-31。

表3-31 寿竹种质资源分布

辖区	分布点（个）	种质资源编号	地点	面积（亩）	种质资源归属	备注
玄武区	1	01	南京林业大学新庄校区	<0.5	重庆市梁平县	1997年引种
溧水区	1	01	南京林业大学白马校区	<1	重庆市梁平县	2012年由南京林业大学新庄校区分栽

白夹竹 *Phyllostachys bissetii* McClure

形态特征 刚竹属竹种，又名蓉城竹。秆高5~6米，粗约2厘米，幼秆深绿略带紫色，被白粉，节间上部疏生直立的细柔毛，微粗糙，老秆绿色或灰绿色；最长的节间约2.5厘米，壁厚4毫米；秆环隆起，略高于箨环。箨鞘背部暗绿至淡绿，并微带紫色，先端有时有乳白色纵条纹，被白粉，秆下部的箨鞘有时在背部具柔毛，无斑点或在上部有稀疏至密集的极其微小的斑点，边缘生纤毛；箨耳常存在于中、上部的秆箨上，小形乃至较大而呈镰形，或可无箨耳，绿色或绿带紫色，繸毛少数至数条或有时缺；箨舌拱形或截形，宽于箨片基部或在无箨耳时则箨舌的两侧明显露出，紫色，高1~2毫米，边缘生纤毛；箨片狭三角形至三角状披针形，深绿色或深绿色带紫，直立，平直或波状。末级小枝具2叶；叶耳及鞘口繸毛通常存在，但易脱落；叶舌中度伸出；叶片长7~11厘米，宽1.2~1.6厘米。笋期4月中下旬。

主要用途 笋可食用；秆作柄材或篾用，编织竹器；亦可用作园林绿化。

分布范围 主要分布在四川、浙江等省份。1941年，由四川成都伴随大熊猫而被引入美国栽培。

种质资源 南京市保存白夹竹种质资源1份，1986年引自四川省成都市望江楼公园，种植于南京林业大学新庄校区竹种园；1997年，雨花台风景区从南京林业大学新庄校区引种，种植面积小于1亩；2012年，由南京林业大学新庄校区移栽至南京林业大学白马校区，面积不足1亩。具体种质资源情况见表3-32。

表3-32 白夹竹种质资源分布

辖区	分布点（个）	种质资源编号	地点	面积（亩）	种质资源归属	备注
溧水区	1	01	南京林业大学白马校区	<1	四川省成都市望江楼公园	2012年由南京林业大学新庄校区移栽
雨花台区	1	01	雨花台风景区	<1	四川省成都市望江楼公园	1997年引自南京林业大学新庄校区

白哺鸡竹 *Phyllostachys dulcis* McClure

形态特征 刚竹属竹种。秆高6~10米，直径4~6厘米，最长节间约为25厘米，壁厚约5毫米；幼秆被少量白粉，老秆灰绿色，常有淡黄色或橙红色隐约细条纹和斑块；秆环甚隆起，高于箨环。箨鞘质薄，背面淡黄色或乳白色，微带绿色或上部略带紫红色，有时有紫色纵脉纹，有稀疏的褐色至淡褐色小斑点和向下的刺毛，边缘绿褐色；箨耳卵状至镰形，绿色或绿带紫色，生长繸毛；箨舌拱形，淡紫褐色，边缘生短纤毛；箨片带状，皱曲，外翻，紫绿色，边缘淡绿黄色。末级小枝具2或3叶；叶耳及繸毛易脱落；叶舌显著伸出；叶片长9~14厘米，宽1.5~2.5厘米，下表面被毛，基部毛尤密。笋期4月下旬。

主要用途 竹笋可食用，味鲜美；秆可用作柄材。

分布范围 分布于江苏、浙江、安徽。1907年从浙江余杭县塘栖镇引入美国。

种质资源 南京市保存白哺鸡竹种质资源2份。其中，南京林业大学白马校区1份，1973年引自浙江省安吉县递铺街道，栽种于南京林业大学新庄校区竹种园；2012年移栽至南京林业大学白马校区竹类种质资源圃，面积近1亩；高淳区1份，2017年引自浙江省德清县，种植于高淳区东坝街道，种植面积50亩。具体种质资源情况见表3-33。

表3-33 白哺鸡竹种质资源分布

辖区	分布点（个）	种质资源编号	地点	面积（亩）	种质资源归属	备注
溧水区	1	01	南京林业大学白马校区	<1	浙江省安吉县递铺街道	2012年移栽
高淳区	1	02	东坝街道	50	浙江省德清县	2017年引种

毛竹 *Phyllostachys edulis* (Carriere) J. Houzeau

形态特征 刚竹属竹种。单轴散生型乔木状竹种。秆高可达20多米，粗可达20多厘米，壁厚约1厘米；老秆无毛，并由绿色渐变为绿黄色；基部节间甚短而向上则逐节较长，中部节间长达40厘米或更长；秆环不明显，低于箨环或在细秆中隆起。箨鞘背面黄褐色或紫褐色，具黑褐色斑点及密生棕色刺毛；箨耳微小，繸毛发达；箨舌宽短，强隆起乃至为尖拱形，边缘具粗长纤毛；箨片较短，长三角形至披针形，有波状弯曲，绿色，初时直立，以后外翻。末级小枝具2~4叶；叶耳不明显，鞘口繸毛存在而为脱落性；叶舌隆起；叶片较小较薄，披针形，长4~11厘米，宽0.5~1.2厘米，下表面在沿中脉基部具柔毛，次脉3~6对，再次脉9条。笋期4月。

主要用途 毛竹是我国栽培历史最悠久、栽培面积最广、经济价值也最重要的竹种。秆型粗大，宜供建筑用，如梁柱、棚架、脚手架等；篾性优良，供编织各种粗细用具及工艺品；枝梢作扫帚；嫩竹及秆箨作造纸原料；笋味美，鲜食或加工制成玉兰片、笋干、笋衣等；叶片翠绿，四季常青，秀丽挺拔，经霜不凋，雅俗共赏，自古以来常置于庭园曲径、池畔、溪涧、山坡、石迹、天井、景门等。

分布范围 分布自秦岭、汉水流域至长江流域以南和台湾省，黄河流域也有多处栽培。1737年，引入日本栽培，后又引至欧美各国。

种质资源 南京市毛竹林面积约有32718亩，以江宁区种植面积最大，面积约15500亩。南京市各地的毛竹引种时间多集中于1970年前后，多数为纯林，少数与杉木、麻栎、构树等形成混交林。六合区灵岩山林场和高淳区傅家坛林场保存少量实生苗形成的毛竹纯林。毛竹普遍长势良好，胸径普遍达6~8厘米，部分达9~12厘米。南京市保存毛竹种质资源56份，其中，江宁区 16 份、高淳区 11 份、溧水区 11 份、浦口区 6 份、六合区 6 份、雨花台区 3 份、玄武区 2 份、栖霞区 1 份。56 份毛竹种质资源归属清楚的有 16 份，其中来自江苏省宜兴市 7 份、安徽省郎溪县 5 份、广西壮族自治区桂林市 4 份；还有 39 份来自安徽省，但种质资源归属不明，栖霞区西岗农场 1 份毛竹种质资源归属也不明。具体种质资源情况见表 3-34。

表3-34　毛竹种质资源分布

辖区	分布点（个）	种质资源编号	地点	面积（亩）	种质资源归属	备注
六合区	7	01	止马岭竹镇林场	18	安徽省郎溪县	1969 年前后栽植，纯林，经营粗放，长势差
		02	瓜埠果园	1200	安徽省郎溪县	1969 年前后栽植，纯林，经营粗放，近衰败
		02	蟹黄山墓园	100	安徽省郎溪县	1969 年前后栽植，纯林，经营粗放，立竹过密
		03	东沟林场	2200	安徽省郎溪县	1970 年前后栽植，纯林，经营较粗放，长势一般
		04	灵岩山林场	300	安徽省郎溪县	1974 年栽植，纯林，多年未经营，长势差
		05	灵岩山林场	100	广西壮族自治区桂林市	1976 年栽植，实生苗造林，长势很差
		06	平山林场	300	不详（安徽省）	1970 年前后栽植，纯林，多年未管理，近衰败
高淳区	16	07	固城街道禅林	300	不详（安徽省）	1970 年栽植，纯林，疏于管理，多年未砍伐
		07	固城街道黑土山	100	不详（安徽省）	1970 年栽植，纯林，多年未砍伐
		07	固城街道九龙村	130	不详（安徽省）	1970 年栽植，纯林，多年未砍伐
		08	漆桥街道双游村	300	不详（安徽省）	1970 年栽植，纯林，多年未砍伐
		08	漆桥街道小游子山	300	不详（安徽省）	1970 年栽植，纯林，多年未砍伐
		08	漆桥街道茅山村	500	不详（安徽省）	1970 年栽植，纯林，多年未砍伐
		08	漆桥街道和平村	500	不详（安徽省）	1970 年栽植，纯林，多年未砍伐
		09	桠溪街道瑶池山庄	300	不详（安徽省）	1970 年栽植，纯林，多年未砍伐
		10	桠溪街道兰溪	400	不详（安徽省）	1970 年栽植，纯林，多年未砍伐
		11	桠溪街道	1200	不详（安徽省）	1970 年栽植，纯林，多年未砍伐
		12	东坝街道游子山	150	不详（安徽省）	1970 年栽植，纯林，多年未砍伐
		13	东坝街道李家坝	10	不详（安徽省）	1970 年栽植，纯林，多年未砍伐
		14	青山林场	300	不详（安徽省）	1970 年栽植，生长良好，部分与泡桐混交
		15	大荆山林场	1000	江苏省宜兴市	清朝末年栽植，生长良好，部分与杉木混交

(续)

辖区	分布点（个）	种质资源编号	地点	面积（亩）	种质资源归属	备注
高淳区	16	16	傅家坛林场	80	不详（安徽省）	1970年栽植，主要与马尾松、杉木混交，已近衰败
		17	傅家坛林场桠云公路边	20	广西壮族自治区桂林市	1970年实生苗造林，疏于管理，近衰败
		18	将军山	300	不详（安徽省）	20世纪70年代栽植，纯林，数年未砍伐
雨花台区	3	19	菊花台竹园	<0.01	不详（安徽省）	20世纪70年代栽植，与其他竹种混交
		20	雨花台竹园	120	不详（安徽省）	1970年代栽植，纯林，管理粗放
浦口区	6	21	老山林场	400	不详（安徽省）	1970年代栽植，部分为纯林、部分竹阔混交，管理粗放
		22	杜仲林场	250	不详（安徽省）	1980年引种栽植，与栎树、杉木、构树混交，长势差
		23	珍珠泉风景区	100	不详（安徽省）	1970年引种栽培，与乌哺鸡竹、阔叶树混交，长势差
		24	大桥林场	120	不详（安徽省）	1970年引种栽培，与阔叶树混交，疏于管理，长势差
		25	龙山林场	240	不详（安徽省）	1970年引种栽培，纯林，生长较好
江宁区	16	26	求雨山	800	江苏省宜兴市	20世纪70年代栽植，纯林，粗放经营，长势一般
		27	东善桥林场东善分场	1000	江苏省宜兴市	20世纪70年代引种栽培，纯林，粗放管理，生长良好
		28	东善桥林场东坑分场	4000	江苏省宜兴市	20世纪70年代引种栽培，纯林，粗放管理，生长良好
		29	东善桥林场云台分场	3000	江苏省宜兴市	20世纪70年代引种栽培，纯林，粗放管理，生长良好
		30	东善桥林场铜山分场	1400	江苏省宜兴市	20世纪70年代引种栽培，纯林，粗放管理，生长良好
		31	东善桥林场横山分场	1500	不详（安徽省）	20世纪70年代引种栽培，纯林，林生长良好
		32	牛首山林场	1000	不详（安徽省）	20世纪70年代引种栽培，主要是纯林，少竹阔混交，生长良好
		33	东山街道林场	170	不详（安徽省）	20世纪70年代引种栽培，主要是纯林，少竹杉木、竹阔混交
		34	横山社区	200	不详（安徽省）	20世纪70年代引种栽培，与杉木混交，粗放管理，生长较好
		35	横山社区	100	不详（安徽省）	2017年新造林
		36	石塘	2000	不详（安徽省）	20世纪70年代引种栽培，纯林，粗放管理，生长一般
		37	朱门	120	不详（安徽省）	20世纪70年代引种栽培，纯林，粗放管理，生长一般

（续）

辖区	分布点（个）	种质资源编号	地点	面积（亩）	种质资源归属	备注
江宁区	16	38	西宁社区	500	不详（安徽省）	20世纪70年代引种栽培，纯林，粗放管理，生长一般
		39	地质公园	20	不详（安徽省）	20世纪70年代引种栽培，纯林，粗放管理，生长一般
		40	龙尚水库	300	不详（安徽省）	20世纪70年代引种栽培，纯林，粗放管理，生长一般
		41	青龙山林场	40	不详（安徽省）	20世纪70年代引种栽培，纯林，粗放管理，生长一般
		42	青龙山矿泉水厂	30	不详（安徽省）	20世纪70年代引种栽培，纯林，粗放管理，生长一般
溧水区	11	43	东屏镇卧龙山	40	不详（安徽省）	1970年人工栽植，纯林，粗放管理，生长一般
		44	永阳街道通济街	400	不详（安徽省）	20世纪70年代引种栽培，纯林，生长一般
		45	石湫街道明觉林场	300	不详（安徽省）	1971年人工栽植，纯林，粗放管理
		46	溧水区林场秋湖分场	2000	不详（安徽省）	1970年人工栽培，纯林，用作风景林
		47	溧水区林场秋湖分场	400	广西壮族自治区桂林市	20世纪70年代实生造林，粗放管理，生长一般
		48	溧水区林场东庐分场	800	不详（安徽省）	1970年引种栽培，纯林，粗放管理，生长一般
		49	龙王庙水库	200	不详（安徽省）	20世纪70年代栽植，纯林，生长一般
		50	南京林业大学白马校区	110	不详（安徽省）	20世纪70年代栽植，纯林，用作路边景观，生长一般
		51	白龙村	150	不详（安徽省）	1970年栽植，纯林，粗放管理
		52	溧水区林场东庐分场	200	不详（安徽省）	20世纪70年代引种栽培，纯林，粗放管理
		53	大金山	400	不详（安徽省）	20世纪80年代引种栽培，粗放管理
玄武区	2	54	南京林业大学新庄校区	<0.5	广西壮族自治区桂林市	1974年实生苗造林，疏于管理，近衰败
		55	紫金山	200	江苏省宜兴市	1965年前后栽植，粗放管理，生长一般
栖霞区	1	56	西岗农场	0.5	不详	种植年份不详，生长一般

龟甲竹 *Phyllostachys edulis* (Carriere) J. Houzeau f. *heterocycla*

形态特征 刚竹属毛竹的变型。该变型与毛竹的区别在于竹秆节片像龟甲又似龙鳞，凹凸有致，坚硬粗糙，秆基部以至相当长一段秆的节间连续呈不规则的短缩肿胀，并交斜连续如龟甲状。

主要用途 名贵观赏竹种，该竹种易种植成活但较难繁殖。

分布范围 分布于秦岭、汉水流域至长江流域以南和台湾省，黄河流域也有多处栽培。1737年引入日本栽培，后又引至欧美各国。

种质资源 南京市保存龟甲竹种质资源1份。南京林业大学白马校区种植的龟甲竹，为2013年自浙江省林业科学研究院引种；南京林业大学新庄校区种植的龟甲竹，为2016年自扬州市江都区大禹风景竹园引种，该竹园龟甲竹为2006年引自浙江省林业科学研究院；两地龟甲竹种质同源，但种质资源归属不详。具体种质资源情况见表3-35。

表3-35 龟甲竹种质资源分布

辖区	分布点（个）	种质资源编号	地点	面积（亩）	种质资源归属	备注
溧水区	1	01	南京林业大学白马校区	<1	不详	2013年引种
玄武区	1	01	南京林业大学新庄校区	<0.2	不详	2016年引种

金丝毛竹 *Phyllostachys edulis* (Carriere) J. Houzeau f. *gracilis*

形态特征 刚竹属毛竹变型。该变型与毛竹的区别在于秆矮小，高仅7~8米，粗3~4厘米，秆壁较厚。

主要用途 秆坚固耐用，可作船篙或农具柄。

分布范围 产于江苏、浙江等地。

种质资源 南京市保存金丝毛竹种质资源1份，栽植于南京林业大学新庄校区，其面积不足1亩，种质资源归属不详。具体种质资源情况见表3-36。

表3-36 金丝毛竹种质资源分布

辖区	分布点（个）	种质资源编号	地点	面积（亩）	种质资源归属	备注
玄武区	1	01	南京林业大学新庄校区	<0.5	不详	引种栽培

圣音毛竹 *Phyllostachys edulis* (Carriere) J. Houzeau f. *tubaeformis*

形态特征 刚竹属毛竹变型。该变型与毛竹主要区别是秆基部向下呈喇叭状强烈增粗。

主要用途 优良观赏竹种；秆宜供建筑用，如梁柱、棚架、脚手架等；篾性优良，可编织各种粗细的用具及工艺品；枝梢作扫帚。

分布范围 主要分布于湖南省君山。

种质资源 南京市保存圣音毛竹种质资源1份，由南京林业大学于2003年引自浙江省安吉县；2012年移栽至南京林业大学白马校区，面积不足1亩。具体种质资源见表3-37。

表3-37 圣音毛竹种质资源信息

辖区	分布点（个）	种质资源编号	地点	面积（亩）	种质资源归属	备注
溧水区	1	01	南京林业大学白马校区	<1	湖南省君山	2012年由南京林业大学新庄校区移栽

花哺鸡竹 *Phyllostachys glabrata* S. Y. Chen et C. Y. Yao

形态特征　刚竹属竹种。地下茎为单轴散生。秆高 6~7 米，直径 3~4 厘米，中部节间长约 19 厘米，壁厚 5 毫米；幼时深绿色，无白粉，无毛，略粗糙，二、三年老秆灰绿色；秆环较平坦或稍隆起而与箨环同高。箨鞘背面淡红褐色或淡黄带紫色，密布紫褐色小斑点，此斑点可在箨鞘顶部密集成云斑状，无白粉，光滑无毛；箨耳及鞘口繸毛俱缺；箨舌低而宽，截形乃至稍呈拱形，淡褐色，边缘波状，生短纤毛；箨片狭三角形至带状，外翻，皱曲，紫绿色，边缘紫红色至桔黄色。末级小枝 2 或 3 叶；叶耳绿色，耳缘生有密集的绿色或紫红色繸毛；叶舌突出，高约 2 毫米；叶片披针形至矩圆状披针形，长 8~11 厘米，宽 1.2~2 厘米。笋期 4 月中下旬。

主要用途　花哺鸡竹出笋集中、产量高、笋质量好，且营养丰富，味道鲜美；竹秆一般整材使用。

分布范围　主要分布于浙江省。

种质资源　南京市保存花哺鸡竹种质资源 3 份，其中六合区 1 份、溧水区 2 份和栖霞区 1 份。六合区竹程小学与南京林业大学白马校区为同一份种质资源。溧水区种植该竹种面积最大，100 亩。具体种质资源情况见表 3-38。

表3-38　花哺鸡竹种质资源信息

辖区	分布点（个）	种质资源编号	地点	面积（亩）	种质资源归属	备注
六合区	1	01	竹程小学	<0.01	杭州市临安区	引自南京林业大学新庄校区
溧水区	2	02	横山西路	100	不详	引种栽培
		01	南京林业大学白马校区	<1	杭州市临安区	2012年，由南京林业大学新庄校区分栽
栖霞区	1	03	燕子矶-幕府山	0.1	不详	引种栽培

淡竹 *Phyllostachys glauca* McClure

形态特征 刚竹属竹种。秆高 5~12 米,粗 2~5 厘米,节间最长可达 40 厘米,壁薄,厚仅约 3 毫米;幼秆密被白粉,无毛,老秆灰黄绿色;秆环与箨环均稍隆起,同高。箨鞘背面淡紫褐色至淡紫绿色,常有深浅相同的纵条纹,无毛,具紫色脉纹及疏生的小斑点或斑块,无箨耳及鞘口繸毛;箨舌暗紫褐色,高 2~3 毫米,截形,边缘有波状裂齿及细短纤毛;箨片线状披针形或带状,开展或外翻,平直或有时微皱曲,绿紫色,边缘淡黄色。末级小枝具 2 或 3 叶;叶耳及鞘口繸毛均存在但早落;叶舌紫褐色;叶片长 7~16 厘米,宽 1.2~2.5 厘米,下表面沿中脉两侧稍被柔毛。笋期 4 月下旬至 5 月底。

主要用途 笋可食,味淡;竹材篾性好,可编织各种竹器,也可整材用作农具柄、搭棚架等。

分布范围 分布于黄河流域至长江流域各地。1926 年由南京引入美国栽培。

种质资源 南京市保存淡竹种质资源 13 份。其中 3 份为南京市野生种质资源,其余 10 份种质资源归属不明。浦口区老山林场种植面积最大,达到 2000 亩,其余地区均是零星分布。普遍长势良好,平均胸径可达 3~4 厘米。具体种质资源情况见表 3-39。

表3-39 淡竹种质资源信息

辖区	分布点(个)	种质资源编号	地点	面积(亩)	种质资源归属	备注
六合区	1	01	瓜埠果园	0.5	南京市六合区	野生资源,位于林缘
高淳区	1	02	桠溪街道	0.2	南京市六合区	野生资源,多为纯林
雨花台区	1	03	菊花台竹园	<0.1	不详	引种栽培,与其他竹种混交
浦口区	3	04	老山林场	2000	不详	1970年引种,多为纯林
		05	杜仲林场	30	不详	与栎树混交
		06	珍珠泉风景区	80	不详	与阔叶林混交
江宁区	3	07	南京工业大学浦江学院	1.0	不详	引种栽培,用于绿化
		08	青龙山矿泉水厂	0.5	不详	当地人为栽培,位于道路边
		09	杨家庄	1.0	不详	引种栽培,用于绿化
溧水区	3	10	卧龙山	8.0	不详	引种栽培,斑块状分布
		11	丁家边	0.5	南京市溧水区	野生资源,生于道路边
		12	大金山	10.0	不详(安徽省)	1980年引种栽培
玄武区	1	13	南京林业大学新庄校区	<0.5	不详	1956年栽培

红壳雷竹 *Phyllostachys incarnate* Wen

形态特征 刚竹属竹种。秆高达8米,粗4.5厘米,秆中部节间长20厘米,壁厚5毫米;幼秆被白粉,节下方尤浓,无毛;秆环较平坦,与箨环同高,或在较细的秆上较为隆起,并可高于箨环。箨鞘背面肉红色或在较细的笋上部者带绿色或全部带绿色,具稀疏的小斑点,尤以箨鞘下部较明显,有时还有不甚明显的大块深褐色晕斑,在大笋中其背部疏生刺毛,小笋中则无毛;箨耳发达,镰形,紫褐色,边缘具屈曲的紫褐色䍁毛;箨舌甚高,拱形或有时近于截形,紫褐色,边缘具粗而长呈暗紫色或细而稍短呈灰白色的纤毛;箨片三角形至线状三角形,不皱曲,但可呈波状,直立或外翻。末级小枝具3或4叶;叶鞘仅边缘生纤毛;叶耳发达,卵形或半圆形,绿带紫色,有放射状䍁毛;叶舌强烈伸出,长2毫米或可更长,微带紫色,向上渐尖,先端钝头,边缘生细长纤毛;叶片长达13厘米,宽1.5厘米,上表面无毛,下表面除基部有密生柔毛外,其余部分被细柔毛或无毛。笋期4~5月。

主要用途 笋期早而持续时间长,为良好的笋用竹种。

分布范围 自然分布于浙江省。稍耐水湿。

种质资源 南京市保存红壳雷竹种质资源1份,由南京林业大学1996年引自浙江省安吉竹种园;2012年移植至南京林业大学白马校区。具体种质资源情况见表3-40。

表3-40 红壳雷竹种质资源信息

辖区	分布点(个)	种质资源编号	地点	面积(亩)	种质资源归属	备注
溧水区	1	01	南京林业大学白马校区	<1	浙江省安吉县	1996年引自浙江省安吉竹种园,2012年移栽

红哺鸡竹 *Phyllostachys iridescens* C.Y.Yao et S.Y.Chen

形态特征 刚竹属竹种，又称为红壳竹。散生竹。秆高6~12米，径粗4~7厘米，幼秆被白粉，一、二年生的秆逐渐出现黄绿色纵条纹，老秆则无条纹；中部节间长17~24厘米，壁厚6~7毫米；秆环与箨环中等发达。箨鞘紫红色或淡红褐色，边缘紫褐色，背部密生紫褐色斑点，微被白粉，无毛；无箨耳及鞘口䍁毛；箨舌宽，拱形或较隆起，紫褐色，边缘有紫红色长纤毛；箨片外翻，平直或略皱曲，带状，绿色，边缘红黄色。末级小枝具3或4叶，无叶耳，鞘口䍁毛脱落性，紫色；叶舌紫红色，中等发达；叶片长8~17厘米，宽1.2~2.1厘米，质较薄。笋期5月。

主要用途 笋味鲜美可口，为优良的笋用竹种；竹材较脆，不宜蔑用，可作晒衣杆及农具柄。

分布范围 分布于江苏、安徽、浙江等省份。

种质资源 南京市保存红哺鸡竹种质资源10份。其中，六合区4份、雨花台区1份、浦口区1份、江宁区1份、溧水区2份、栖霞区1份和玄武区1份，总种植面积约300亩；有3份种质资源归属明确，来自安徽省广德县。具体种质资源情况见表3-41。

表3-41 红哺鸡竹种质资源信息

辖区	分布点（个）	种质资源编号	地点	面积（亩）	种质资源归属	备注
六合区	4	01	瓜埠果园	40	不详（安徽省）	引种栽培，主要为纯林
		02	东沟林场	10	不详（安徽省）	引种栽培，与美竹混交
		03	平山林场	55	不详（安徽省）	引种栽培，处阔叶林缘
		04	灵岩山林场	<1	不详（安徽省）	引种栽培
雨花台区	1	05	菊花台竹园	<1	安徽省广德县	引自南京林业大学新庄校区
玄武区	1	05	南京林业大学新庄校区	<0.5	安徽省广德县	1986年引种
浦口区	1	06	老山林场	100	不详（安徽省）	引种栽培
江宁区	1	07	东善桥林场铜山分场	2	不详（安徽省）	引种栽培
溧水区	2	08	光明村	70	安徽省广德县	2017年栽植
		09	光明村	20	不详（安徽省）	引种栽培
栖霞区	1	10	燕子矶—幕府山	1	不详（安徽省）	引种栽培

美竹 *Phyllostachys mannii* Gamble

形态特征 刚竹属竹种。丛生竹。秆高8~10米，粗4~6厘米，节间较长，秆中部者长30~42厘米，秆壁厚3~7毫米；幼秆鲜绿色，疏生向下的白色毛，无白粉，老秆黄绿色或绿色；秆环稍隆起，与箨环同高或较之微高。箨鞘革质，硬而脆，背面呈暗紫色至淡紫色，有淡黄色或淡黄绿色条纹，常疏生紫褐色小斑点，通常在较粗大的笋及笋下部的箨鞘（或箨鞘的下半部）以紫色为主，而在细笋及笋上部的箨鞘（或仅在箨鞘的上半部）则以淡黄或绿色为主，上部边缘则呈紫红色，顶端宽，截平或钝圆；箨耳变化极大，从无箨耳或仅有极小的痕迹乃至形大而呈镰形的紫色箨耳，惟仅在较大的箨耳边缘可生紫色长繸毛；箨舌宽短，紫色，截形或常微呈拱形，边缘生短纤毛，背部长出长毛；箨片三角形至三角状带形，直立或上部者开展，近于平直或波状弯曲至微皱曲，淡绿黄色或紫绿色，基部两侧紫色。末级小枝具1或2叶；叶耳小或不明显，鞘口繸毛直立；叶片披针形至带状披针形，长7.5~16厘米，宽1.3~2.2厘米。笋期5月上旬。

主要用途 笋味略涩，可食；竹茹、竹枝、竹叶可以作药；秆节间长，易劈篾，篾性甚好，宜编织篮、席等用品，也可整秆使用；因出笋多，成林快，适应性、抗逆性强，耐寒耐旱，是较好的造林竹种；竹秆挺秀，枝叶繁茂，亦为优良的观赏竹种。

分布范围 分布于黄河至长江流域及西南直到西藏南部，印度也有分布。1938年，美国由江苏省宜兴市海会寺引种。

种质资源 南京市保存美竹种质资源5份。1973年，南京林业大学自江苏省宜兴市引种，栽植于新庄校区，2012年分栽至白马校区。六合区、浦口区、溧水区4份种质资源归属不明。具体种质资源情况见表3-42。

表3-42　美竹种质资源信息

辖区	分布点（个）	种质资源编号	地点	面积（亩）	种质资源归属	备注
六合区	2	01	瓜埠果园	5	不详	引种栽培
		02	东沟林场	10	不详	引种栽培
浦口区	1	03	老山林场狮子岭	<0.1	不详	引种栽培
溧水区	2	04	溧水区林场秋湖分场	0.5	不详	引种栽培
		05	南京林业大学白马校区	<1	江苏省宜兴市	2012年由南京林业大学新庄校区分栽
玄武区	1	05	南京林业大学新庄校区	<0.5	江苏省宜兴市	1973年引种

毛环竹 *Phyllostachys meyeri* McClure

形态特征 刚竹属竹种，又名浙皖淡竹。秆高5~11米，粗3~7厘米，中部节间长达35厘米，壁厚约3毫米；秆劲直，幼时节下有白粉；秆环微隆起，略高于箨环或与箨环同高；箨环最初带紫色并被易落白色细毛。箨鞘背面淡褐紫色，暗绿色或黄褐色，被白粉，上部有较密的褐色斑点和斑块，下部斑点小而稀疏，有时尚有紫色条纹，底部生白色细毛，其余部分无毛；箨耳及鞘口繸毛俱缺；箨舌黄绿色至淡黄褐色，中度发达，中部稍突出，边缘生短纤毛；箨片狭带状，外翻，多少呈波状或微皱曲，紫绿色，具黄边。末级小枝有2或3叶；叶鞘无毛；无叶耳及鞘口繸毛，或有少数条易落的繸毛；叶舌显著突出，叶片披针形至带状披针形，长7~13厘米，宽1~2厘米。笋期4月下旬。

主要用途 笋稍有哈味；竹秆宜作海船帆篷的横档，亦可作伞骨和编制竹器。

分布范围 产于河南、陕西和长江流域及其以南各地。1907年，美国由浙江余杭县塘栖引种栽培。

种质资源 南京市保存毛环竹种质资源1份，种植在6个地点，种质资源归属于安徽省宁国县。具体种质资源情况见表3-43。

表3-43 毛环竹种质资源信息

辖区	分布点（个）	种质资源编号	地点	面积（亩）	种质资源归属	备注
六合区	1	01	瓜埠果园	<1	安徽省宁国县	引种栽培
雨花台区	1	01	菊花台竹园	<0.1	安徽省宁国县	引种栽培
江宁区	3	01	东善桥林场铜山分场	1	安徽省宁国县	引种栽培
		01	牛首山林场	<0.1	安徽省宁国县	引种栽培
		01	黄龙堰水库	2	安徽省宁国县	引种栽培
溧水区	1	01	南京林业大学白马校区	<1	安徽省宁国县	引自浙江省安吉县竹种园

紫竹 *Phyllostachys nigra* (Lodd. ex Lindl.) Munro

形态特征 刚竹属竹种。秆高4~8米，稀可高达10米，直径可达5厘米，中部节间长25~30厘米，壁厚约3毫米；幼秆绿色，密被细柔毛及白粉，箨环有毛，一年生以后的秆逐渐先出现紫斑，最后全部变为紫黑色，无毛；秆环与箨环均隆起，且秆环高于箨环或两环等高。箨鞘背面红褐或更带绿色，无斑点或常具极微小不易观察的深褐色斑点，此斑点在箨鞘上端常密集成片，被微量白粉及较密的淡褐色刺毛；箨耳长圆形至镰形，紫黑色，边缘生有紫黑色繸毛；箨舌拱形至尖拱形，紫色，边缘生有长纤毛；箨片三角形至三角状披针形，绿色，但脉为紫色，舟状，直立或以后稍开展，微皱曲或波状。末级小枝具2或3叶；叶耳不明显，有脱落性鞘口繸毛；叶舌稍伸出；叶片质薄，长7~10厘米，宽约1.2厘米。笋期4月下旬。

主要用途 传统的观秆竹种，竹秆紫黑色，柔和发亮，隐于绿叶之下，甚为绮丽；竹材较坚韧，供制作小型家具、手杖、伞柄、乐器及工艺品。

分布范围 在我国分布较广，东起台湾，西至云南东北部，南自广东和广西中部，北至安徽北部、河南南部均有分布。常见于海拔1000米以下广大的酸性土山地；南北各地多有栽培，北京紫竹院亦有栽培，印度、日本及欧美许多国家均有引种。

种质资源 南京市保存紫竹种质资源3份，但种质资源归属不明。栖霞区燕子矶—幕府山1份，雨花台区将军山1份，江宁区牛首山、六合区东沟林场、雨花台区菊花台竹园、南京林业大学新庄校区与白马校区为同一份种质资源。具体种质资源情况见表3-44。

表3-44 紫竹种质资源信息

辖区	分布点（个）	种质资源编号	地点	面积（亩）	种质资源归属	备注
玄武区	1	01	南京林业大学新庄校区	<0.5	不详	引种栽培
溧水区	1	01	南京林业大学白马校区	<1	不详	2012年由南京林业大学新庄校区分栽
六合区	1	01	东沟林场	<0.1	不详	引自南京林业大学新庄校区
雨花台区	2	02	将军山	<0.1	不详	引种栽培
		01	菊花台竹园	<0.1	不详	引自南京林业大学新庄校区
江宁区	1	01	牛首山林场	<0.1	不详	引自南京林业大学新庄校区
栖霞区	1	03	燕子矶—幕府山	1	不详	引种栽培

胡麻竹 *Phyllostachys nigra* (Lodd. ex Lindl.) Munro var. *punctate* Bean, Gard. Chron.

形态特征 刚竹属紫竹的变型。该变型与紫竹的区别在于秆型较粗大，高可达 9m，直径可达 8cm；当年新秆深绿色，至次年春季才从基部数节开始出现芝麻状淡紫色小点，以后逐渐向上面的节间扩散，并且颜色也逐渐加深，至第三年秋季整个竹秆才变成由细点斑组成的淡紫黑色，有蜡粉，无光泽；叶片质地稍厚。

主要用途 观赏竹种。秆自然枯干，表面生成大小不一的黑色斑纹，材质坚韧，可用于建筑、花器、扇子等

分布范围 产于安徽省（广德）和浙江省（安吉），广德县东亭有大面积栽培。

种质资源 南京市保存胡麻竹种质资源 1 份，引自安徽省广德县，现种植于南京林业大学白马校区，面积不足 1 亩。具体种质资源情况见表 3-45。

表3-45 胡麻竹种质资源信息

辖区	分布点（个）	种质资源编号	地点	面积（亩）	种质资源归属	备注
溧水区	1	01	南京林业大学白马校区	<1	安徽广德	引自安徽省广德县

毛金竹 *phyllostachys nigra* (Lodd. ex Lindl.) Munro f. *henonis*

形态特征 刚竹属紫竹的变型。该变型与紫竹的区别在于秆不为紫黑色，秆高可达 7~18 米；秆壁厚，可达 5 毫米，箨鞘顶端极少有深褐色微小斑点。

主要用途 笋供食用；竹秆通直，可整材使用，并可劈篾编制竹器，粗大者可代毛竹供建筑用；中药之"竹茹""竹沥"一般取自该种。

分布范围 原产于黄河流域以南地区，日本及欧洲有引种栽培。

种质资源 南京市保存毛金竹种质资源 5 份，但种质资源归属不明。雨花台区、南京林业大学白马校区两地为同一份种质资源，先后引自南京林业大学新庄校区；高淳区、浦口区、江宁区共 4 份，其中，浦口区毛金竹生长面积最大，达 140 亩。具体种质资源情况见表 3-46。

表3-46 毛金竹种质资源信息

辖区	分布点（个）	种质资源编号	地点	面积（亩）	种质资源归属	备注
高淳区	1	01	高淳区东坝街道	0.1	不详	引种栽培
雨花台区	1	02	菊花台竹园	<0.1	不详	引自南京林业大学新庄校区
浦口区	1	03	老山林场	140	不详	引种栽培
江宁区	2	04	东善桥林场云台分场	80	不详	引种栽培
		05	东善社区	<0.1	不详	引种栽培
溧水区	1	02	南京林业大学白马校区	<1	不详	2012年由南京林业大学新庄校区移栽

灰竹 *Phyllostachys nuda* McClure

形态特征 刚竹属竹种。地下茎为单轴散生。秆高 6~9 米,粗 2~4 厘米,秆直或常于基部呈"之"字形曲折,幼秆深绿色,被白粉,节处常为暗紫色,节下方有暗紫色晕斑,无毛,老秆灰绿色至灰白色;节间长达 30 厘米,有纵肋,秆壁厚,为秆粗的 1/3~1/2;秆环强烈隆起,高于稍隆起的箨环。箨鞘背面为淡绿紫色或淡红褐色,具紫色纵脉纹和紫褐色斑块,尤以箨鞘的上部为常见,被白粉,因脉间有微疣基刺毛而微粗糙;无箨耳及鞘口繸毛;箨舌黄绿色,狭而高,其高约 4 毫米,顶端截形,边缘生短纤毛;箨片绿色,另有紫色纵脉纹,狭三角形至带状,外翻,幼时微皱曲,以后平直。末级小枝具 2~4 叶,无叶耳及鞘口繸毛;叶片披针形至带状披针形,长 8~16 厘米。笋期 4~5 月。

主要用途 笋质优良,壳薄肉厚,俗称"石笋",是加工天目笋干的主要原料;秆节甚突起,不易劈篾,但壁厚坚实,多作竹器柱脚,也作柄材使用。

分布范围 分布于陕西、江苏、安徽、浙江、江西、台湾及湖南。1908 年由中国浙江余杭县塘栖引入美国栽培。灰竹是较耐旱、耐寒、耐瘠薄的山地竹种。

种质资源 南京市保存灰竹种质资源 4 份。其中,雨花台区 1 份引自南京林业大学,南京林业大学引自浙江省安吉县,但 4 份种质资源归属不明。具体种质资源情况见表 3-47。

表3-47 灰竹种质资源分布

辖区	分布点（个）	种质资源编号	地点	面积（亩）	种质资源归属	备注
六合区	2	01	瓜埠果园	15	不详（安徽省）	引种栽培
		02	东沟林场	1	不详（安徽省）	引种栽培
溧水区	1	03	南京林业大学白马校区	0.1	不详	引自浙江省安吉县
雨花台区	1	03	菊花台竹园	<0.1	不详	引自南京林业大学
浦口区	1	04	老山林场	100	不详	引种栽培

紫蒲头灰竹 *Phyllostachys nuda* McClure f. *localis* Z. P. Wang et Z. H. Yu.

形态特征 刚竹属灰竹变型。该变型与灰竹的区别在于老秆的基部数节间有紫色斑块，此斑块甚密以至布满整个节间，致使节间呈紫色。

主要用途 笋质优良，壳薄肉厚；秆节甚突起，不易劈篾，但壁厚坚实，多作竹器柱脚，也作柄材使用。

分布范围 分布于浙江省安吉县。

种质资源 南京市保存紫蒲头灰竹种质资源1份。2012年，由南京林业大学新庄校区移栽至白马校区，面积不足1亩。具体种质资源情况见表3-48。

表3-48 紫蒲头灰竹种质资源信息

辖区	分布点（个）	种质资源编号	地点	面积（亩）	种质资源归属	备注
溧水区	1	01	南京林业大学白马校区	<1	浙江省安吉县	2012年由南京林业大学新庄校区移栽

高节竹 *Phyllostachys prominens* W. Y. Xiong

形态特征 刚竹属竹种。秆高10米，直径7厘米，节间较短，除基部及顶部的节间外，均近于等长，最长达22厘米，每节间的两端明显呈喇叭状膨大而形成强烈隆起的节，秆壁厚5~6毫米；幼秆深绿色，无白粉或被少量白粉，老秆灰暗黄绿色至灰白色；秆环强烈隆起，高于箨环；后者亦明显隆起。箨鞘背面淡褐黄色，或略带红色或绿色，具大小不等的斑点，近顶部尤密，疏生淡褐色小刺毛，边缘褐色；箨耳发达，镰形，紫色或带绿色，耳缘生长繸毛；箨舌紫褐色，边缘密生短纤毛，有时混有稀疏的长纤毛；箨片带状披针形，紫绿色至淡绿色，边缘桔黄或淡黄色，强烈皱曲，外翻。末级小枝具2~4叶；叶耳及鞘口繸毛发达，但易落，叶耳绿色，繸毛黄绿色至绿色；叶舌伸出，黄绿色；叶片长8.5~18厘米，宽1.3~2.2厘米，下表面仅基部有白色柔毛。笋期5月。

主要用途 笋味美，供食用；秆节甚隆起，不易劈篾，宜整秆使用，多作柄材；亦可营造防风固土林和观赏竹林。

分布范围 主要分布于浙江省。

种质资源 南京市保存高节竹种质资源1份，由南京林业大学1996年引自浙江省安吉县竹种园。雨花台区雨花台竹园和溧水区南京林业大学白马校区均引自南京林业大学新庄校区竹园，具体种质资源情况见表3-49。

表3-49 高节竹种质资源信息

辖区	分布点（个）	种质资源编号	地点	面积（亩）	种质资源归属	备注
玄武区	1	01	南京林业大学新庄校区	<0.1	浙江省安吉县	1996年引自浙江省安吉县
雨花台区	1	01	菊花台竹园	<0.1	浙江省安吉县	引自南京林业大学新庄校区
溧水区	1	01	南京林业大学白马校区	<5	浙江省安吉县	2012年由南京林业大学新庄校区分栽

灰水竹 *Phyllostachys platyglossa* Z. P. Wang et Z. H. Yu

形态特征 刚竹属竹种。秆高约8米，直径约2.5厘米，幼秆深绿带紫色，被白粉，老秆绿色，下部带紫色；节间长达35厘米，壁厚5毫米；秆环微隆起，与箨环同高，节内长约5毫米，箨鞘厚纸质，背面被白粉，褐红色带淡绿色，有稀疏至稍密的褐色小斑点和疏生的小刺毛，鞘边缘暗紫色，无毛；箨耳卵形至镰形，紫色，生紫色长继毛；箨舌宽而低，截形至拱形，紫色，边缘生有淡紫色纤毛；箨片三角状带形，绿紫色至绿色，外翻，强烈皱曲。末级小枝具2叶；叶耳不明显，鞘口继毛少数条；叶舌微伸出，截形；叶片长7~14厘米，宽1.2~2.2厘米。笋期4月中下旬。

主要用途 笋味美，可食用；秆壁薄，篾性脆，秆材仅用于搭建瓜棚架或篱笆。

分布范围 分布于江苏南部、浙江等地。

种质资源 南京市保存灰水竹种质资源1份。2012年，由南京林业大学新庄校区竹种园移栽至白马校区，其面积不足1亩，但种质资源归属不明。具体种质资源情况见表3-50。

表3-50 灰水竹种质资源信息

辖区	分布点（个）	种质资源编号	地点	面积（亩）	种质资源归属	备注
溧水区	1	01	南京林业大学白马校区	<1	不详	2012年由南京林业大学新庄校区移栽

金竹 *Phyllostachys sulphurea* (Carr.) A. et C. Riv.

形态特征 刚竹属竹种，又称黄皮刚竹。秆于解箨时呈金黄色而不同于本种系的其他栽培型。秆高6~15米，直径4~10厘米，中部节间长20~45厘米，壁厚约5毫米；幼秆无毛，微被白粉，绿色，成长的秆呈绿色或黄绿色，在10倍放大镜下可见猪皮状小凹穴或白色晶体状小点；秆环在较粗大的秆中于不分枝的各节上不明显；箨环微隆起。箨鞘背面呈乳黄色或绿黄褐色又多少带灰色，有绿色脉纹，无毛，微被白粉，有淡褐色或褐色略呈圆形的斑点及斑块；箨耳及鞘口繸毛俱缺；箨舌绿黄色，拱形或截形，边缘生淡绿色或白色纤毛；箨片狭三角形至带状，外翻，微皱曲，绿色，但具桔黄色边缘。末级小枝有2~5叶；叶鞘几无毛或仅上部有细柔毛；叶耳及鞘口繸毛均发达；叶片长圆状披针形或披针形，长5.6~13厘米，宽1.1~2.2厘米。笋期5月中旬。

主要用途 笋可食用，惟味微苦；秆可作小型建筑用材和各种农具柄；可营造成片竹林供旅游观光。

分布范围 原产我国，黄河至长江流域及福建均有分布，江浙一带庭园中栽培供观赏。1840年，由上海引至法国栽培；1928年，由法国引至美国。

种质资源 南京市保存金竹种质资源1份。高淳区固城街道、溧水区林场秋湖分场以及南京林业大学白马校区均为同一份种质资源，均由南京林业大学早期引自浙江省，但具体种质资源归属不明。具体种质资源情况见表3-51。

表3-51 金竹种质资源信息

辖区	分布点（个）	种质资源编号	地点	面积（亩）	种质资源归属	备注
高淳区	1	01	固城街道	0.2	不详	由南京林业大学新庄校区引种
溧水区	2	01	溧水区林场秋湖分场	0.5	不详	由南京林业大学新庄校区引种
		01	南京林业大学白马校区	<1	不详	2012年由南京林业大学新庄校区移

刚竹 *Phyllostachys sulphurea* (Carr.) A. et C. Riv. var. *viridis* R. A. Young

形态特征 刚竹属金竹的变种。地下茎为单轴散生。秆高 6~15 米，直径 4~10 厘米，中部节间长 20~45 厘米，壁厚约 5 毫米；幼时秆无毛，微被白粉，绿色，成长的秆呈绿色或黄绿色，在 10 倍放大镜下可见猪皮状小凹穴或白色晶体状小点；秆环在较粗大的秆中与不分枝的各节上不明显；箨环微隆起。箨鞘背面呈乳黄色或绿黄褐色又多少带灰色，有绿色脉纹，无毛，微被白粉，有淡褐色或褐色略呈圆形的斑点及斑块；叶片长圆状披针形或披针形，长 5.6~13 厘米，宽 1.1~2.2 厘米。笋期 4 月底至 5 月初。

主要用途 笋可食用，味微苦；竹秆可作小型建筑用材和各种农具柄。

分布范围 原产中国，黄河至长江流域及福建均有分布。1840 年由上海引至法国栽培，1928 年由法国引至美国。

种质资源 南京市保存刚竹种质资源 12 份，其中，六合区 1 份、高淳区 2 份、江宁区 5 份和溧水区 4 份。12 份种质中，3 份为野生种质资源，9 份种质资源归属不明。具体种质资源情况见表 3-52。

表3-52 刚竹种质资源信息

辖区	分布点（个）	种质资源编号	地点	面积（亩）	种质资源归属	备注
六合区	1	01	瓜埠果园	40	南京市六合区	野生资源，与毛竹混交
高淳区	2	02	固城街道	0.2	不详	1970年引种栽培，与阔叶林混交
		03	桠溪街道	2	不详	多为引种栽培，主要是纯林
江宁区	5	04	东善桥林场东坑分场	5	不详	引种栽培，长于道路两旁
		04	东善桥林场东坑分场	1	不详	引种栽培，长于道路两旁
		05	东善桥林场铜山分场	1	南京市江宁区	零星分布于林缘
		06	牛首山林场	5	不详	引种栽培，与桂竹混交
		07	东山街道林场	<0.01	不详	引种栽培，与黄槽刚竹混交
		08	东善社区	<0.1	不详	引种栽培，分布于道路旁
溧水区	4	09	光明村	0.5	南京市溧水区	野生资源，零星分布
		10	溧水区林场秋湖分场	0.5	不详	引种栽培，面积较小
		11	溧水区林场东庐分场	40	不详	引种栽培，主要为纯林
		12	溧水区林场东庐分场	200	不详	引种栽培，主要为纯林

绿皮黄筋竹 *Phyllostachys sulphurea* (Carr.) A. et C. Riv. 'Houzeau' McClure

形态特征 刚竹属金竹的栽培型,又名黄槽刚竹。该栽培型与金竹主要区别是竹秆绿色,具淡黄色沟槽。

主要用途 秆可作小型建筑用材和各种农具柄;笋供食用,微苦。

分布范围 主要分布于江苏、浙江、安徽等地。

种质资源 南京市保存绿皮黄筋竹种质资源11份。其中,六合区1份、高淳区4份、雨花台区1份、浦口区1份、江宁区2份和溧水区3份(其中1份与雨花台区种质资源相同),总面积约140亩。在11份种质资源中,有4份种质为南京市当地野生种质资源;另有1份原保存于南京林业大学新庄校区,但该份种质资源归属不明,2012年移植至南京林业大学白马校区,1997年雨花台区雨花台竹园自南京林业大学引种的绿皮黄筋竹为同份种质。具体种质资源情况见表3-53。

表3-53 绿皮黄筋竹种质资源信息

辖区	分布点(个)	种质资源编号	地点	面积(亩)	种质资源归属	备注
六合区	1	01	止马岭竹镇林场	25	不详	引种栽培
高淳区	4	02	青山林场	3	不详	引种栽培,有丛枝病
		03	大荆山林场	0.5	不详	引种栽培
		04	傅家坛林场	0.5	不详	引种栽培
		05	固城街道	2	不详	引种栽植
雨花台区	1	06	雨花台竹园	<0.1	不详	由南京林业大学引种
浦口区	1	07	老山林场	100	不详	引种栽培
江宁区	2	08	牛首山林场	5	南京市江宁区	野生资源
		09	东山街道林场	<0.1	南京市江宁区	野生资源
溧水区	3	10	溧水区林场秋湖分场	0.5	南京市溧水区	野生资源
		11	溧水区林场东庐分场	0.5	南京市溧水区	野生资源
		06	南京林业大学白马校区	<5	不详	2012年,由南京林业大学新庄校区移栽

黄皮绿筋竹 *Phyllostachys sulphurea* (Carr.) A. et C. Riv. f. *robertii* C. S. Chao & Renvoize

形态特征 刚竹属金竹的变型。该变型与金竹的区别在于幼秆解箨后呈绿黄色，下部节间有少数绿色纵条纹，并在箨环下方还有暗绿色环带，以后虽节间变为黄色而绿色纵条纹仍存在。

主要用途 笋可食用，微苦；竹秆可作小型建筑用材和各种农具柄。

分布范围 原产中国，黄河至长江流域及福建均有分布。

种质资源 南京市保存黄皮绿筋竹种质资源1份，由南京林业大学早期引自浙江省安吉县竹种园，但种质资源归属不明。2012年，由南京林业大学新庄校区移栽至白马校区，其面积不足1亩。具体种质资源情况见表3-54。

表3-54 黄皮绿筋竹种质资源信息

辖区	分布点（个）	种质资源编号	地点	面积（亩）	种质资源归属	备注
溧水区	1	01	南京林业大学白马校区	<1	不详	2012年由南京林业大学新庄校区移栽

乌竹 *Phyllostachys varioauriculata* S. C. Li et S. H Wu

形态特征 刚竹属竹种，又名毛毛竹、板桥竹。秆直立，高3~4米，直径1.1~3厘米，表面有不规则细纵沟；最长节间长30厘米，幼秆绿色带紫，微被白粉，有毛，粗糙，节下方白粉环明显，老秆绿色或灰绿色；秆环隆起，高于箨环；节内长3毫米。箨鞘薄纸质，暗绿紫色，先端有乳白色或淡紫色放射状纵条纹，并有灰白色密集小刚毛和白粉，边缘生纤毛，秆下部箨鞘的上端有稀疏至稍密的棕色小点；箨耳紫色，镰刀形或微弱，或仅在一侧发达，耳缝与鞘口着生数条弯曲的继毛；箨舌截平或微呈拱形，暗紫色，先端不整齐，边缘有紫色至白色纤毛呈流苏状；箨片直立，狭三角形至披针形，基部较宽，仅略窄于箨鞘顶部；绿紫色。末级小枝通常具2叶，宽0.9~1.5厘米；叶耳微弱，鞘口有数条脱落性继毛；叶片线形或线状披针形，长5~11厘米，宽0.9~1.1厘米，下表面基部微被毛。笋期4月中旬。

主要用途 秆型不大，秆壁厚，篾性差，用途一般。

分布范围 主要分布于江苏省和安徽省舒城县。

种质资源 南京市保存乌竹种质资源1份，由南京林业大学1974年引自连云港。雨花台区菊花台竹园和栖霞区栖霞山—西岗先后自南京林业大学引种栽培。具体种质资源情况见表3-55。

表3-55 乌竹种质资源信息

辖区	分布点（个）	种质资源编号	地点	面积（亩）	种质资源归属	备注
玄武区	1	01	南京林业大学新庄校区	<0.5	江苏省连云港市	1974年引种
雨花台区	1	01	菊花台竹园	<0.1	江苏省连云港市	引自南京林业大学新庄校区
栖霞区	1	01	西岗	10	江苏省连云港市	引自南京林业大学新庄校区

早竹 *Phyllostachys violascens* (Carriere) Riviere & C. Riviere

形态特征 刚竹属竹种。地下茎为单轴散生。秆高8~10米，粗4~6厘米，幼秆深绿色，密被白粉，无毛，节暗紫色，老秆绿色、黄绿色或灰绿色；中部节间长15~25厘米，常在沟槽的对面一侧微膨大，有时隐约有黄色纵条纹，壁厚约3毫米；秆节最初为紫褐色，秆环与箨环均中度隆起。箨鞘褐绿色或淡黑褐色，初时多少有白粉，无毛，有不规则分散的大小不等的斑点，还有紫色纵条纹；无箨耳及鞘口繸毛；箨舌褐绿色或紫褐色，拱形，两侧明显下延或稍下延，致使箨舌两侧露出甚多，边缘生细纤毛；箨片窄带状披针形，强烈皱曲或秆上部者平直，外翻，绿色或紫褐色。末级小枝具2或3叶，稀5或6叶；无叶耳和鞘口繸毛；叶片带状披针形，长6~18厘米，宽0.8~2.2厘米。笋期3月。

主要用途 笋期早，持续时间长，产量高，味美，是良好的笋用竹种；秆壁薄，仅能作一般柄材使用。

分布范围 分布于江苏、安徽、浙江、江西、湖南、福建等省份。

种质资源 南京市保存早竹种质资源12份，9份种质资源归属清楚，其中1份引自南京市栖霞区，1份引自浙江省杭州市临安区，1份引自浙江省德清县；其余9份种质皆引自浙江省，但具体种质资源归属不清。12份早竹种质资源中，六合区1份、高淳区1份、雨花台区2份、浦口区2份、江宁区5份和玄武区1份。高淳区种植早竹最多，面积近8000亩，多为1996年后发展的笋用林。具体种质资源情况见表3-56。

表3-56 早竹种质资源信息

辖区	分布点（个）	种质资源编号	地点	面积（亩）	种质资源归属	备注
六合区	1	01	瓜埠果园	20	浙江省杭州市临安区	1997年引种
高淳区	7	02	青山林场	400	浙江省德清县	1996年引种
		02	大荆山林场	330	浙江省德清县	引种栽植
		02	傅家坛林场	230	浙江省德清县	引种栽植
		02	固城街道	1200	浙江省德清县	引种栽植
		02	漆桥街道	1400	浙江省德清县	引种栽植
		02	桠溪街道	3000	浙江省德清县	引种栽植
		02	东坝街道	1100	浙江省德清县	引种栽植
雨花台区	2	03	菊花台竹园	<1	不详（浙江省）	引种栽植
		04	雨花台竹园	<0.1	不详（浙江省）	引种栽植
浦口区	2	05	老山林场	20	不详（浙江省）	引种栽植
		06	珍珠泉风景区	20	不详（浙江省）	引种栽植
江宁区	5	07	东善桥林场横山分场	15	不详（浙江省）	引种栽植
		08	石塘	7	不详（浙江省）	引种栽植
		09	白头山	20	不详（浙江省）	引种栽植
		10	东山街道林场	20	不详（浙江省）	引种栽植
		11	青龙山林场	2	不详（浙江省）	引种栽植
玄武区	1	12	南京林业大学新庄校区	<0.5	南京市栖霞区	1956年引种

花秆早竹 *Phyllostachys violascens* f. *viridisulcata*

形态特征 刚竹属早竹变种。秆高5~10米，直径3~6厘米。箨鞘褐绿色或淡黑褐色，初具白粉，密被褐斑；箨耳及鞘口繸毛不发育；箨叶长矛形至带形，反转，皱褶。高度3~5米，直径2~3厘米。竹秆金黄色，凹槽绿色。笋期3月上旬至3月下旬。

主要用途 出笋早，笋味美，产量高，为优良笋用竹；黄秆镶嵌绿槽，为珍稀观赏竹种。

分布范围 原产江西上饶。耐寒性强，可在北京以南地区生长。

种质资源 南京市保存花秆早竹种质资源1份，为南京林业大学引自江西上饶，现种植于南京林业大学白马校区。具体种质资源情况见表3-57。

表3-57 花秆早竹种质资源信息

辖区	分布点（个）	种质资源编号	地点	面积（亩）	种质资源归属	备注
溧水区	1	01	南京林业大学白马校区	<0.5	江西上饶	

粉绿竹 *Phyllostachys viridiglaucescens* (Carriere) Riviere & C. Riviere

形态特征 刚竹属竹种。秆高约8米,直径4~5厘米,幼秆被白粉;秆中部节间长21~25厘米,壁厚4.5~7毫米;秆节最初呈紫色;秆环隆起,略高于箨环。箨鞘背面淡紫褐色,有时稍带绿黄色,具暗褐色分散小斑点,被黄色刺毛;箨耳长,狭镰形,位于箨鞘顶端不同的高度上,紫褐色至淡绿色,具长达2厘米的淡绿色继毛;箨舌狭,强隆起,紫褐色,两侧下延,边缘生纤毛;箨片带状,外翻,上半部皱曲,中间黄绿色,边缘橘黄色,末级小枝具1~3叶;叶耳不明显,有易脱落的继毛;叶舌强烈伸出,边缘有缺裂,叶片披针形至带状披针形,长9.5~13.5厘米,宽1.2~1.8厘米。笋期4月下旬。

主要用途 笋味美,可食用;整秆可作柄材用;竹秆修长,枝叶婆娑,竹笋清瘦,可作观赏竹种。

分布范围 分布于江苏、上海、浙江、福建、安徽、江西等地。1946年引入法国。

种质资源 南京市保存粉绿竹种质资源1份,由南京林业大学1974年引自江苏省宜兴市,种植于南京林业大学新庄校区竹种园。雨花台区雨花台竹园、栖霞区燕子矶、幕府山和溧水区南京林业大学白马校区均由南京林业大学新庄校区引种种植。具体种质资源情况见表3-58。

表3-58 粉绿竹种质资源信息

辖区	分布点（个）	种质资源编号	地点	面积（亩）	种质资源归属	备注
玄武区	1	01	南京林业大学新庄校区	<0.5	江苏省宜兴市	1974年引种栽培
雨花台区	1	01	雨花台竹园	<0.1	江苏省宜兴市	1997年引自南京林业大学新庄校区
栖霞区	1	01	燕子矶—幕府山	0.5	江苏省宜兴市	引自南京林业大学新庄校区
溧水区	1	01	南京林业大学白马校区	<1	江苏省宜兴市	2012年由南京林业大学新庄校区分栽

乌哺鸡竹 *Phyllostachys vivax* McClure

形态特征 刚竹属竹种。地下茎为单轴散生。秆高 5~15 米，直径 4~8 厘米，节间长 25~35 厘米，壁厚约 5 毫米；梢部下垂，微呈拱形，幼秆被白粉，无毛，老秆灰绿色至淡黄绿色，有显著的纵肋；秆环隆起，稍高于箨环，常在一侧突出以致其节多少有些不对称。箨鞘背面淡黄绿色带紫至淡褐黄色，无毛，微被白粉，密被黑褐色斑块和斑点，尤以鞘中部较密；无箨耳及鞘口继毛；箨舌弧形隆起，两则明显下延，淡棕色至棕色，边缘生细纤毛；箨片带状披针形，强烈皱曲，外翻，背面绿色，复面褐紫色，边缘颜色较淡以至淡橘黄色。末级小枝具 2 或 3 叶；有叶耳及鞘口继毛；叶舌发达，高达 3 毫米；叶片微下垂，较大，带状披针形或披针形。笋期 4 月中下旬。

主要用途 笋味美，为良好的笋用竹种；篾性较差，可编制篮筐；秆作农具、柄材等。

分布范围 主要分布于江苏、浙江，福建、河南、山东均有引种栽培。1907 年，美国由浙江余杭塘栖引入栽培。

种质资源 南京市保存乌哺鸡竹种质资源 8 份，但种质资源归属地不明。雨花台区雨花台竹园、菊花台竹园与南京林业大学新庄校区 3 地为同一份种质资源，由南京林业大学 1956 年引种栽培。浦口区 3 份和江宁区 4 份皆为 20 世纪 70 年代引自浙江省。具体种质资源情况见表 3-59。

表3-59 乌哺鸡竹种质资源信息

辖区	分布点（个）	种质资源编号	地点	面积（亩）	种质资源归属	备注
玄武区	1	01	南京林业大学新庄校区	<0.5	不详	1956年引种
雨花台区	2	01	雨花台竹园	<0.1	不详	引自南京林业大学新庄校区
		01	菊花台竹园	<0.1	不详	引自南京林业大学新庄校区
浦口区	3	02	老山林场	30	不详（浙江省）	20世纪70年代引种
		03	珍珠泉风景区	140	不详（浙江省）	20世纪70年代引种
		04	大桥林场	1	不详（浙江省）	20世纪70年代引种
江宁区	4	05	东善桥林场云台分场	15	不详（浙江省）	20世纪70年代引种
		06	牛首山林场	3	不详（浙江省）	20世纪70年代引种
		07	古泉村	<0.01	不详（浙江省）	20世纪70年代引种
		08	杨家庄	2	不详（浙江省）	20世纪70年代引种

绿纹竹 *Phyllostachys vivax* McClure f. *viridivittata* P. X. Zhang & G. H. Lai

形态特征　刚竹属乌哺鸡竹的变型。该变型与乌哺鸡竹的区别在于节间沟槽为绿色。
主要用途　绿纹竹数量相当稀少，为优良的观赏竹种。
分布范围　主要栽培于江苏、浙江。
种质资源　南京市保存绿纹竹种质资源1份。绿纹竹由扬州市江都区大禹风景竹园的黄秆乌哺鸡竹变异而来，南京林业大学于2013年将其引种至白马校区，其面积不足1亩。具体种质资源情况见表3-60。

表3-60　绿纹竹种质资源信息

辖区	分布点（个）	种质资源编号	地点	面积（亩）	种质资源归属	备注
溧水区	1	01	南京林业大学白马校区	<1	扬州市江都区	2013年引种

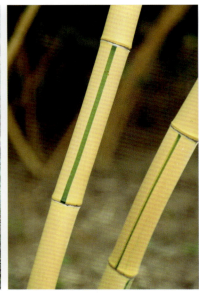

黄秆乌哺鸡竹 *Phyllostachys vivax* McClure f. *aureocaulis* N.X. Ma

形态特征 刚竹属乌哺鸡竹的变型。该变型与乌哺鸡竹的区别在于秆全部为硫黄色，并在秆的中下部偶有几个节间具1条或数条绿色纵条纹。

主要用途 竹秆色泽鲜艳，属经典观赏竹种，亦可作笋用竹。

分布范围 特产于河南省永城市，浙江安吉竹种园有引种栽培。

种质资源 南京市保存黄秆乌哺鸡竹种质资源1份，由南京林业大学1986年引自浙江省安吉县竹种园，浦口区杜仲林场、南京林业大学白马校区再由此引种。具体种质资源情况见表3-61。

表3-61 黄秆乌哺鸡竹种质资源信息

辖区	分布点（个）	种质资源编号	地点	面积（亩）	种质资源归属	备注
玄武区	1	01	南京林业大学新庄校区	<0.5	河南省永城市	1986年引种
浦口区	1	01	杜仲林场	0.5	河南省永城市	引自南京林业大学新庄校区
溧水区	1	01	南京林业大学白马校区	<1	河南省永城市	2012年由南京林业大学新庄校区分栽

黄纹竹 *Phyllostachys vivax* McClure f. *huangwenzhu* J. L. Lu

形态特征 刚竹属乌哺鸡竹的变型。该变型与乌哺鸡竹的区别在于秆绿色，纵槽为金黄色。

主要用途 优良的观赏竹种；笋味美，良好的笋用竹种；篾性较差，可编制篮筐；秆作柄材用。

分布范围 特产于河南省永城市。

种质资源 南京市保存黄纹竹种质资源1份。1986年，由南京林业大学引自浙江省安吉县竹种园，2012年移植至南京林业大学白马校区。具体种质资源情况见表3-62。

表3-62 黄纹竹种质资源信息

辖区	分布点（个）	种质资源编号	地点	面积（亩）	种质资源归属	备注
溧水区	1	01	南京林业大学白马校区	<1	河南省永城市	2012年由南京林业大学新庄校区移栽

江山倭竹 *Shibataea chiangshanensis* Wen

形态特征 倭竹属竹种。小型灌木状竹种。地下茎复轴型。秆高50厘米，直径仅2毫米；节间近半圆柱形，长7~12厘米，起初呈绿色，节下方具白粉，老秆的节间则为红棕色；秆环隆起；每节具3枝，中间枝较粗壮，长2.0~2.5厘米，两侧者长仅为中间枝的一半，枝条均不具次级分枝。箨鞘背面淡红色，密被白色细柔毛，基部尤密，边缘有较长的白色纤毛；无箨耳及鞘口䍁毛；箨舌短，截平；箨片紫红色，直立、锥状。每枝仅具1叶；叶柄长8毫米；叶片卵状至三角形，长6~8厘米，宽1.1~2.3厘米，以在近基部处为最宽，叶基钝圆乃至近于截形，基部边缘常有微小的缺裂，先端急尖而具短尾，中部以上的叶缘具长锯齿，两面无毛，次脉7或8对，再次脉9条，小横脉呈方格状。

主要用途 主要用于观赏，宜于林下片植或作地被种植。

分布范围 仅产于浙江省江山市，杭州、西安、南京等地有引种栽培。适生在气候温暖湿润、雨量适中的环境。

种质资源 南京市保存江山倭竹种质资源1份，由南京林业大学1974年自杭州植物园引进，种植于南京林业大学新庄校区。2012年，南京林业大学将其由新庄校区移栽至白马校区，面积不足1亩。具体种质资源情况见表3-63。

表3-63 江山倭竹种质资源信息

辖区	分布点（个）	种质资源编号	地点	面积（亩）	种质资源归属	备注
溧水区	1	01	南京林业大学白马校区	<1	浙江省江山市	2012年由南京林业大学新庄校区移栽

鹅毛竹 *Shibataea chinensis* Nakai

形态特征 倭竹属竹种。地下茎呈棕黄色或淡黄色；节间长仅 1~2 厘米，直径 5~8 毫米，中空极小或几为实心。秆直立，高 1 米，直径 2~3 毫米；中空亦小，表面光滑无毛，淡绿色或稍带紫色；秆下部不分枝的节间为圆筒形，秆上部具分枝的节间在接近分枝的一侧具沟槽，因此略呈三棱形，秆中部节间长 7~15 厘米，直径 2~3 毫米；秆环甚隆起；秆每节分 3~5 枝，枝淡绿色并略带紫色，顶芽萎缩，各枝与秆之腋间的先出叶膜质，迟落，长 3~5 厘米，无毛，边缘生纤毛，分枝基部留有枝箨，后者脱落性或迟落。箨鞘纸质，早落，背部无毛，无斑点，边缘生短纤毛；箨舌发达，高可达 4 毫米；箨耳及鞘口继毛均无；箨片小，锥状（秆下部之箨的箨片仅为一小尖头）；每枝仅具 1 叶，偶有 2 叶；叶鞘厚纸质或近于薄革质，光滑无毛；叶耳及鞘口继毛俱缺；叶舌膜质，长 4~6 毫米或更长，披针形或三角形，一侧较厚并席卷为锥状，被微毛（如每枝具 2 叶时、下方的叶舌则短矮而不席卷）；外叶舌密被短毛；叶片纸质，幼时质薄，鲜绿色，老熟后变为厚纸质乃至稍呈革质，卵状披针形，长 6~10 厘米，宽 1~2.5 厘米，基部较宽且两侧不对称，先端渐尖，两面无毛，次脉 5~8（9）对，再次脉 10 条小横脉明显，叶缘有小锯齿。笋期 5~6 月。

主要用途 体态矮小，叶态优美，是极佳的地被观赏竹类。

分布范围 广布于江苏、安徽、江西、福建等省份。生于山坡或林缘，亦可生于林下。上海、南京、杭州等城市多在公园中栽培观赏。

种质资源 南京市保存鹅毛竹种质资源 1 份，为南京市紫金山自然分布的种质资源。1974 年，南京林业大学自南京市玄武区紫金山紫霞湖畔引种，种植于新庄校区，2012 年分栽至白马校区。三地面积合计不足 2.5 亩。具体种质资源情况见表 3-64。

表3-64 鹅毛竹种质资源信息

辖区	分布点（个）	种质资源编号	地点	面积（亩）	种质资源归属	备注
玄武区	2	01	紫金山紫霞湖畔	<1	南京市玄武区紫金山	自然分布
		01	南京林业大学新庄校区	<0.5	南京市玄武区紫金山	1974年引种
溧水区	1	01	南京林业大学白马校区	<1	南京市玄武区紫金山	2012年由南京林业大学新庄校区分栽

狭叶倭竹 *Shibataea lanceifolia* C. H. Hu

形态特征 倭竹属竹种，小型灌木状竹类。地下茎复轴型，竹鞭节间短，长仅1.2~1.5厘米，径粗6毫米，实心或近于实心。秆高45~100厘米，直径2~3毫米，直立，中空小或近于实心，光滑无毛；间长3~4厘米，秆下方不分枝的数节间呈圆筒形，上部具分枝的节间在有分枝之一侧具沟槽因而呈半圆形；秆环隆起；秆每节可分3~5枝，枝条短，长0.8~1.5厘米，共有3~5节，枝与秆之腋间具1片有2脊的先出叶，后者较长，迟落，以后在秆上腐烂呈纤维状；枝箨膜质，迟落，顶端具一细小的小尖头（系缩小叶变成）。箨鞘纸质，早落，背面无毛，亦无斑点；无箨耳及鞘口繸毛；箨片细小，钻状，长3~6毫米。每枝具1或2叶，当具2叶时，下方叶片可位于上方叶片之上；叶鞘长约2毫米；叶舌在枝具2叶时，下方叶的叶舌形短，而上方叶或枝仅具1叶时，其叶舌为膜质，三角形，但常席卷呈锥状，长约5毫米，略弯曲；叶片披针形，长8~12厘米或更长，宽0.8~1.6厘米，先端渐尖，尾状，基部楔形，略下延，上表面绿色，无毛，下表面淡绿色，在次脉上有较密的短毛，两面均可见清晰的小横脉，叶缘有小锯齿。笋期5~6月。

主要用途 主要用作地被及绿篱，也适宜盆栽观赏。

分布范围 主要分布于浙江、福建等省份。

种质资源 南京市保存狭叶倭竹种质资源1份，由南京林业大学于2005年引自福建省泰宁县。2012年，南京林业大学由新庄校区分栽至白马校区，两地总面积不足1.5亩。具体种质资源情况见表3-65。

表3-65 狭叶倭竹种质资源信息

辖区	分布点（个）	种质资源编号	地点	面积（亩）	种质资源归属	备注
玄武区	1	01	南京林业大学新庄校区	<0.5	福建省泰宁县	2005年引种
溧水区	1	01	南京林业大学白马校区	<1	福建省泰宁县	2012年由南京林业大学新庄校区分栽

短穗竹 *Semiarundinaria densiflora* (Rendle) T. H. Wen

形态特征 业平竹属竹种。我国特产竹种，已被列为国家三级保护野生植物。秆散生，高达2.6米，幼秆被倒向的白色细毛，老秆则无毛；节间圆筒形，无沟槽，或在分枝一侧的节间下部有沟槽，长7~18.5厘米，在箨环下方具白粉，以后变为黑垢，秆壁厚约3毫米，髓作横片状；秆环隆起；节内长1.5~2毫米。箨鞘背面绿色，老则渐变黄色，无斑点，但有白色纵条纹，以后条纹减退显紫色纵脉，被稀疏刺毛，边缘生紫色纤毛；箨耳发达，大小和形状多变化，通常椭圆形，褐棕色或绿色，边缘具长3~5毫米的弯曲继毛，后者通常浅褐色或更淡；箨舌呈拱形，褐棕色，边缘生极短的纤毛；箨片披针形或狭长披针形，绿色带紫色，向外斜举或水平展开。秆每节通常分3枝，上举，彼此长短近相等。末级小枝具（1）2~5叶；叶鞘长2.5~4.5厘米，草黄色，质坚硬，具纵肋和不明显的小横脉，边缘上部生短纤毛，鞘口具数条长约3毫米的直硬继毛；叶舌截形，高1~1.5毫米；叶片长卵状披针形，长5~18厘米，宽10~20毫米，先端短渐尖，基部圆形或圆楔形，上表面绿色，无毛，下表面灰绿色，有微毛；次脉6或7对，有明显的小横脉，叶缘一边小锯齿较密，而一边则锯齿较稀疏，通常微反卷；叶柄长2~3.5毫米。笋期5~6月。

主要用途 秆可作伞柄、钓鱼秆，也可劈篾编织家庭用具。

分布范围 分布于江苏、安徽、浙江、江西、湖北、广东等省份。生长于低海拔的平原和向阳山坡路边。

种质资源 南京市保存短穗竹种质资源13份，其中，10份为野生资源，3份为引种栽培。在13份种质中，六合区和江宁区各保存3份，溧水区、栖霞区和玄武区各保存2份，高淳区保存1份。玄武区紫金山自然分布的短穗竹面积达到1000亩，主要生长于阔叶林下及林缘边。具体种质资源情况见表3-66。

表3-66 短穗竹种质资源信息

辖区	分布点（个）	种质资源编号	地点	面积（亩）	种质资源归属	备注
六合区	3	01	瓜埠果园	10	南京市六合区	野生，位于道路两旁
		02	灵岩山林场	22	南京市六合区	野生，位于阔叶林下
		03	平山林场	5	南京市六合区	野生，位于阔叶林下
高淳区	1	04	大荆山林场	2	南京市高淳区	野生，针叶林下
江宁区	3	05	牛首山林场	50	南京市江宁区	野生，针叶林下
		06	石塘	3	南京市江宁区	野生，道路两旁
		07	龙尚水库	20	南京市江宁区	野生
溧水区	2	08	南京林业大学白马校区	<5	南京市溧水区	野生
		09	溧水区林场秋湖分场	0.5	不详	引种栽培
栖霞区	2	10	燕子矶—幕府山	3	不详	引种栽培
		11	西岗	50	南京市栖霞区	野生
玄武区	2	12	南京林业大学新庄校区	<0.5	不详（南京）	1956年引自南京郊区
		13	紫金山	1000	南京市玄武区	野生

业平竹 *Semiarundinaria fastuosa* (Mitford) Makino

形态特征 业平竹属竹种。秆高 3~9 米，幼秆绿色，老则为紫褐色；节间长 10~30 厘米，直径 1~4 厘米，中空，无毛，圆筒形，但在有分枝一侧稍扁平；秆壁薄；节处隆起；秆每节通常具 3 枝，以后可增至 8 枝簇生。箨鞘无毛，但在基底处生有向下的短柔毛；箨耳不发达；箨舌矮，高仅 1~1.5 毫米，先端截形，具长为 3 毫米的纤毛而呈流苏状；鞘口继毛存在，其数少；箨片狭长披针形，先端锐尖。末级小叶具 3~7（10）叶；叶鞘长约 4 厘米，疏生短柔毛；叶耳不显著；鞘口继毛多条；叶舌高 1~1.5 毫米，先端截形；叶片窄披针形，长 8~20 厘米，宽 1.5~2.5 厘米，厚纸质，无毛或有时在下表面近基部处被柔毛，先端渐尖，基部圆或广楔形，次脉 6~8 对，再次脉 5 或 6 条，小横脉存在，叶缘具粗糙的小锯齿；叶柄短。花枝上的佛焰苞卵形至披针形，革质，无毛，长 3.5~4 厘米，其顶端的缩小叶呈锥状，长约 5 毫米，佛焰苞托着假小穗 1（2）枚；小穗细窄圆柱形，长 5~10 厘米，共生有 3~6 朵小花，基部还托有 1 苞片；小穗轴节间长约 1 厘米，多少被毛；颖通常不存在，稀可 1 或 2 片；外稃卵形至广披针形，长 1.5~3 厘米，革质，被微毛，具多脉（约为 20 条），并有小横脉，先端具芒状小尖头；内稃广披针形，长 18~20 毫米，先端 2 齿裂，背部 2 脊间具 3 脉，脊外至边缘各有 5 脉，脊上及齿裂边缘均生有纤毛；鳞被倒卵形，长约 5 毫米，后方的 1 片较窄，边缘均生纤毛，基部有脉纹 3 或 4 条。笋期晚春。

分布范围 原产日本本州西南部。我国台湾省庭园中栽培较早，供观赏。我国其他大城市的植物园中也有栽培。

种质资源 南京市保存业平竹种质资源 1 份，南京林业大学引自日本，现种植于南京林业大学白马校区，面积不足 1 亩。具体种质资源情况见表 3-67。

表3-67 业平竹种质资源信息

辖区	分布点（个）	种质资源编号	地点	面积（亩）	种质资源归属	备注
溧水区	1	01	南京林业大学白马校区	<1	日本	2012年由南京林业大学新庄校区移栽

寒竹 *Chimonobambusa marmorea* (Mitford) Makino

形态特征 寒竹属竹种。灌木状竹类。秆高 1~1.5（3）米，基部数节环生刺状气生根，直径 0.5~1 厘米；节间圆筒形，长 10~14 厘米，绿色并带紫褐色，秆壁厚，基部节间近实心；秆环略突起；箨环起初有一圈棕褐色绒毛环，以后渐变无毛；秆每节分 3 枝，以后可成多枝。箨鞘薄纸质，宿存，长于其节间，背面的底色为黄褐色，但间有大理石状灰白色色斑，无毛，或仅基部疏被淡黄色小刺毛，鞘缘有不明显而易落的纤毛；箨耳缺；箨舌低矮，截形或略作拱形；箨片呈锥状，长 2~3 毫米，其基部与箨鞘相连处几无关节。末级小枝具 2 或 3 叶；叶鞘近革质，鞘缘具少量纤毛；鞘口繸毛白色，长 3~4 毫米；叶舌低矮；叶片薄纸质至纸质、线状披针形，长 10~14 厘米，宽 7~9 毫米，次脉 4 或 5 对。笋期 8 月。

主要用途 竹笋品质纯正、肉肥厚鲜美，富含蛋白质、氨基酸及多种微量元素，具有较高的食用价值和药用价值；亦可用作庭园观赏。

分布范围 主要分布于浙江省和福建省，日本也有分布。

种质资源 南京市保存寒竹种质资源 1 份，由南京林业大学 1996 年引自浙江省林业科学研究院，具体种质资源归属不明。南京林业大学新庄校区和白马校区的寒竹为同一份种质资源，两地保留总面积不足 1.5 亩。具体种质资源情况见表 3-68。

表3-68 寒竹种质资源信息

辖区	分布点（个）	种质资源编号	地点	面积（亩）	种质资源归属	备注
玄武区	1	01	南京林业大学新庄校区	<0.5	不详	1996年引种
溧水区	1	01	南京林业大学白马校区	<1	不详	2012年由南京林业大学新庄校区分栽

红秆寒竹 *Chimonobambusa marmorea* (Mitford) Makino f. *variegate* Ohwi in l.

形态特征 寒竹属寒竹的变型。本变型与寒竹主要区别在于主秆和枝条低温时变为红色，叶片上时有白色条纹。

主要用途 绿叶配红枝，非常美观，为优良观赏竹种。

分布范围 原产于日本，我国部分竹种园有引种栽培。

种质资源 南京市保存红秆寒竹种质资源1份，由南京林业大学1995年自日本京都引进，现保存于南京林业大学新庄校区和白马校区，总面积不足1.5亩。具体种质资源情况见表3-69。

表3-69 红秆寒竹种质资源信息

辖区	分布点（个）	种质资源编号	地点	面积（亩）	种质资源归属	备注
玄武区	1	01	南京林业大学新庄校区	<0.5	日本京都	1995年引种
溧水区	1	01	南京林业大学白马校区	<1	日本京都	2012年由南京林业大学新庄校区分栽

刺黑竹 *Chimonobambusa neopurpurea* Yi

形态特征 寒竹属竹种。散生竹种。秆木质化，高 4~8 米，直径 1.5~5 厘米，共有 30~35 节，中部以下各节均环生有发达的刺状气生根，后者数目可多达 24 条；秆中部的节间一般长 18（25）厘米，绿色，或有些幼秆为紫色，且在节间基部具淡紫色纵条纹，表面光滑无毛，圆筒形或在秆基部略呈四方形，秆壁厚 3~5 毫米，有时实心；箨环隆起，初时密被黄棕色小刺毛，以后变为无毛；秆环微隆起；节内长 1.5~2.5 毫米；分枝习性较高，通常始于秆第 11 节；箨鞘薄纸质至纸质，宿存或迟落，在秆基部者长于其节间，呈长三角形，先端渐尖，背面紫褐色而夹有灰白色小斑块或圆形斑，疏被棕色或黄棕色小刺毛，鞘基的毛密集成环状，小横脉明显，中上部边缘具颇为发达的黄色纤毛；箨耳缺；箨舌膜质，拱形，高约 0.8 毫米，边缘微生纤毛；箨片微小，长仅 1~3 毫米，基部与鞘顶相接连处几无关节。末级小枝具 2~4 叶；叶鞘无毛，纵肋明显，长 3.5~4.5 厘米；鞘口两肩具灰白色而易落之繸毛数条，毛长 13 毫米，叶耳无；叶舌截形，高约 0.5 毫米；叶片纸质，狭披针形，长 5~19 厘米，宽 0.5~2 厘米，先端长渐尖，基部楔形，上表面绿色，下表面淡绿色；叶柄长 1~3 毫米。刺黑竹近似于寒竹，但刺黑竹秆较高大，节间较长，秆下部刺状气生根较发达。笋期 8 月。

主要用途 竹笋营养丰富，笋肉肥厚，笋质脆嫩，鲜甜可口；秆作农具及造纸原料。

分布范围 分布于陕西南部、湖北西部及四川等地。常野生于海拔 800~1500 米的低山丘陵。

种质资源 南京市保存刺黑竹种质资源 1 份，但种质资源归属不明。南京林业大学新庄校区和白马校区的刺黑竹为同一份种质资源，面积总共不足 1.5 亩。具体种质资源情况见表 3-70。

表3-70 刺黑竹种质资源信息

辖区	分布点（个）	种质资源编号	地点	面积（亩）	种质资源归属	备注
玄武区	1	01	南京林业大学新庄校区	<0.5	不详	引种栽培
溧水区	1	01	南京林业大学白马校区	<1	不详	2012年由南京林业大学新庄校区分栽

方竹 *Chimonobambusa quadrangularis* (Fenzi) Makino

形态特征 寒竹属竹种。秆木质化，直立，高3~8米，直径1~4厘米，节间长8~22厘米，呈钝圆的四棱形，幼时密被向下的黄褐色小刺毛，毛落后仍留有疣基，故甚粗糙（尤以秆基部的节间为然），秆中部以下各节环列短而下弯的刺状气生根；位于分枝各节的秆环皆隆起，不分枝的各节则较平坦；箨环初时有一圈金褐色茸毛环及小刺毛，以后渐变为无毛。箨鞘纸质或厚纸质，早落性，短于其节间，背面无毛或有时在中上部贴生极稀疏的小刺毛，鞘缘生纤毛，纵肋清晰，小横脉紫色，呈极明显方格状；箨耳及箨舌均不甚发达；箨片极小，锥形，长3~5毫米，基部与箨鞘相连接处无关节。末级小枝具2~5叶；叶鞘革质，光滑无毛，具纵肋，在背部上方近于具脊，外缘生纤毛；鞘口繸毛直立，平滑，易落；叶舌低矮，截形，边缘生细纤毛，背面生有小刺毛；叶片薄纸质，长椭圆状披针形，长8~29厘米，宽1~2.7厘米，先端锐尖，基部收缩为一长约1.8毫米的叶柄，叶片上表面无毛，下表面初被柔毛，后变为无毛，次脉4~7对，再次脉为5~7条。笋期8月。

主要用途 笋肉味美可食；可用作庭园观赏；秆可作手杖，因质地较脆，故不宜用劈篾编织。

分布范围 主要分布于江苏、安徽、浙江、江西、福建、台湾、湖南和广西等省份；日本也有分布。欧美一些国家有引种栽培。

种质资源 南京市保存方竹种质资源1份，由南京林业大学1996年引自浙江省林业科学研究院，种植于南京林业大学新庄校区，面积不足0.5亩，但具体种质资源归属不明。具体种质资源情况见表3-71。

表3-71 方竹种质资源信息

辖区	分布点（个）	种质资源编号	地点	面积（亩）	种质资源归属	备注
玄武区	1	01	南京林业大学新庄校区	<0.5	不详	1996年引种

月月竹 *Chimonobambusa sichuanensis* (T. P. Yi) T. H. Wen

形态特征 方竹属竹种。地下茎复轴型，竹鞭节间长 1~4（5.5）厘米，直径 4~8 毫米，圆筒形，近于实心，光滑无毛，具鞭箨。秆高 2~4.5 米，径粗 0.8~2.0 厘米，节间长 15~30 厘米；秆直立，幼时节下微被一圈白粉，节间圆筒形，但分枝一侧下部扁平，中空，无毛；老秆纵细线棱纹略明显，秆壁厚 1.5~3 毫米，髓呈锯屑状；箨环隆起，初时具黄棕色向下的缝毛，秆环微隆起。秆芽 3 枚，但具 1 枚共同的先出叶，每节起初分枝 3 枚，后期因次生枝发生可为 5~11 枚，斜展。箨鞘迟落或宿存，紫绿色或紫色转枯草色，疏被黄棕色刺毛，基部具一圈黄棕色密毛；箨耳缺失，缝毛 2~3 枚，易落；箨舌截平形，高约 1 毫米，先端具纤毛；箨叶细长披针形，外翻。叶片披针形，长 10~26 厘米，宽 1.5~3 厘米，纸质至厚纸质，无毛，上面绿色，下面淡绿色，先端渐尖，基部楔形或宽楔形，次脉 5~7 对，小横脉明显，组成长方形，边缘具细锯齿。笋期 7 月至次年 1 月。

主要用途 竹姿优美，常栽培作绿篱或庭园观赏。

分布范围 分布于四川、贵州和重庆等地，多为栽培，少有野生。生长于海拔 400~1200 米的平原、丘陵和山地。浙江、江苏等地有引种。

种质资源 南京市保存月月竹种质资源 1 份，由南京林业大学 1986 年自四川省都江堰市原四川省林业学校竹园引进，南京林业大学新庄校区和白马校区的月月竹为同一份种质资源，两地面积总计不足 1.5 亩。具体种质资源情况见表 3-72。

表3-72 月月竹种质资源信息

辖区	分布点（个）	种质资源编号	地点	面积（亩）	种质资源归属	备注
玄武区	1	01	南京林业大学新庄校区	<0.5	四川省都江堰市	1986年引种
溧水区	1	01	南京林业大学白马校区	<1	四川省都江堰市	2012年由南京林业大学新庄校区分栽

橄榄竹 *Indosasa gigantea* (Wen) Wen

形态特征 酸竹属竹种。秆高9~17米，通直，直径5~10厘米，枝下高5~9米；节间圆柱形，长50~77厘米，具分枝的节间一侧下半部扁平，初为绿色被白粉，在节下方尤甚，无毛，具猪皮状微小凹纹，老秆黄绿色，无白粉亦无毛；箨环略隆起，甚窄细，无毛或具黄褐色刚毛；秆环隆起而具脊；节内长1厘米，被白粉。箨鞘革质，脱落性，三角形，先端狭窄，宽仅2~4厘米，背面初为金黄色至淡红棕色，全部被有白粉和向下的紫褐色刺毛，边缘上半部生紫褐色纤毛，下半部近无毛；箨耳发达，卵状至椭圆状，有皱褶，长11毫米，宽7~8毫米，外面被褐色粗毛，边缘具褐棕色长为5~10毫米之直立繸毛；箨舌高3~5毫米，宽2~4厘米，中部有尖峰状突起，背面被褐色粗糙，先端边缘生有长为2~3毫米的褐色纤毛；箨片披针形至长三角形，长3~6厘米，绿色，无白粉，直立或外翻，先端渐尖，边缘生褐色倒生刺毛，两面无毛而有纵脉。秆每节分3枝，彼此近同粗，斜举。末级小枝具3或4叶；叶鞘长4.5厘米，光滑无毛；叶耳与鞘口繸毛具缺；叶舌高2毫米，卵状，近全缘；叶片披针形，长8~13厘米，宽14~20毫米，基部钝圆，先端渐尖，并有锐尖头，上表面无毛，下表面淡绿色，基部具细柔毛，两边缘均有锯齿，次脉5或6对，小横脉可见。笋期早。

主要用途 笋个大、营养价值高；秆体较高大，枝叶浓密，适宜于营造各类竹林和竹径景观。

分布范围 原产福建省，在建瓯、将乐、周宁等县（市）均有分布。早年引入浙江龙泉，后在舟山、杭州、台州、温州、安吉等地均有栽培。

种质资源 南京市保存橄榄竹种质资源1份，由南京林业大学1998年引自江西农业大学，2012年由南京林业大学新庄校区移植至白马校区，面积不足1亩。具体种质资源情况见表3-73。

表3-73 橄榄竹种质资源信息

辖区	分布点（个）	种质资源编号	地点	面积（亩）	种质资源归属	备注
溧水区	1	01	南京林业大学白马校区	<1	不详	2012年由南京林业大学新庄校区移植

少穗竹 *Oligostachyum sulcatum* Z. P. Wang et G. H. Ye

形态特征 少穗竹属竹种。秆高达12米，直径6.2厘米，幼时紫绿色，在节下方有白粉，老秆黄绿色；节间最长达37.5厘米，在有分枝一侧具沟槽，沟槽长度可延至节间中部乃至整个节间；节处微隆起，秆环略高于箨环；秆每节具3枝。秆箨脱落；箨鞘革质，背部黄绿色，无斑点，被厚白粉及较密的棕色平伏刺毛，基部刺毛尤密，秆下部箨鞘的边缘具硬纤毛；箨耳及鞘口繸毛俱缺；箨舌高约3.5毫米，中部隆起，背部无毛，边缘具纤毛；箨片直立或开展，绿色带紫色，三角状卵形至线状披针形，基部收缩。每小枝具2或3叶；叶鞘背部及边缘无毛；叶耳及鞘口繸毛俱缺；叶舌高1~1.5毫米，先端拱形隆起，边缘具微纤毛；叶片线状披针形，两面均无毛，长9~16厘米，宽9~15毫米。笋期5月。

主要用途 秆壁较薄，可劈篾用于箍桶；叶入药，可治小儿惊风；竹秆黄绿色，叶茂密翠绿，丛植、片植效果佳。

分布范围 主要分布于福建、浙江等省份。

种质资源 南京市保存少穗竹种质资源1份，由南京林业大学1986年引自福建省南平市，种植于南京林业大学新庄校区，2012年分栽至白马校区，两地保存面积约1.5亩，但种质资源归属不明。具体种质资源情况见表3-74。

表3-74　少穗竹种质资源信息

辖区	分布点（个）	种质资源编号	地点	面积（亩）	种质资源归属	备注
玄武区	1	01	南京林业大学新庄校区	<0.5	不详（福建省南平市）	1986年引种
溧水区	1	01	南京林业大学白马校区	<1	不详（福建省南平市）	2012年由南京林业大学新庄校区分栽

四季竹 *Oligostachyum lubricum* (Wen) Keng f.

形态特征 少穗竹属竹种，俗名浙东四季竹。植物体中二氧化硅含量高达70%。秆高5米，直径2厘米；节间长约30厘米，幼时绿色无毛，无白粉，在有分枝一侧扁平；秆每节3分枝，其粗细近相等。箨鞘绿色，疏生白色或淡黄色疣基刺毛，刺毛落后留有明显的凹痕及棕色小疣基，边缘具白色细纤毛；箨耳紫色或淡棕色，卵形或偶为镰形；表面具柔毛，边缘有直立弯曲的继毛；箨舌紫色，截形，高约1.5毫米，边缘有紫色短纤毛；箨片绿色，阔披针形，基部向内收窄，先端渐尖，边缘具纤毛。每小枝具3或4叶；叶鞘表面被白色细毛；叶耳紫色，鞘口继毛通常发达；叶舌紫色，多少伸出，拱形或截形；叶片线状披针形，长10~15厘米，宽15~22毫米，两面均无毛或下表面粗糙，次脉6对，小横脉明显，呈长方格状。笋期5~10月，其中6~7月、9~10月是出笋旺期。

主要用途 笋用竹种，笋壳薄肉厚，味鲜美；秆绿叶秀，亦可作观赏竹。

分布范围 主要分布于浙江、福建和江西等省份。

种质资源 南京市保存四季竹种质资源1份，由南京林业大学1986年引自福建省南平市，但具体种质资源归属不明。雨花台区菊花台竹园和南京林业大学白马校区的四季竹均引自南京林业大学新庄校区。具体种质资源情况见表3-75。

表3-75 四季竹种质资源信息

辖区	分布点（个）	种质资源编号	地点	面积（亩）	种质资源归属	备注
玄武区	1	01	南京林业大学新庄校区	<0.1	不详（福建省南平市）	1986年引种栽培
雨花台区	1	01	菊花台竹园	<0.1	不详（福建省南平市）	1997年由南京林业大学新庄校区引种
溧水区	1	01	南京林业大学白马校区	<1	不详（福建省南平市）	2012年由南京林业大学新庄校区分栽

苦竹 *Pleioblastus amarus* (Keng) Keng

形态特征 苦竹属竹种。秆高3~5米，直径1.5~2厘米，直立，秆壁厚约6毫米；幼秆淡绿色，具白粉，老后渐转黄绿色，被灰白色粉斑；节间圆筒形，在分枝一侧的下部稍扁平，通常长27~29厘米，节下方粉环明显；节内长约6毫米；秆环隆起，高于箨环；箨环留有箨鞘基部木栓质的残留物，在幼秆的箨环还具一圈发达的棕紫褐色刺毛；秆每节具5~7枝，枝稍开展。箨鞘革质，绿色，被较厚白粉，上部边缘橙黄色至焦枯色，背部无毛或具棕红色或白色微细刺毛，易脱落，基部密生棕色刺毛，边缘密生金黄色纤毛；箨耳不明显或无，具数条直立的短继毛，易脱落而变无继毛；箨舌截形，高1~2毫米，淡绿色，被厚的脱落性白粉，边缘具短纤毛；箨片狭长披针形，开展，易向内卷折，腹面无毛，背面有白色不明显短绒毛，边缘具锯齿。末级小枝具3或4叶；叶鞘无毛，呈干草黄色，具细纵肋；无叶耳和箨口继毛；叶舌紫红色，高约2毫米；叶片椭圆状披针形，长4~20厘米，宽1.2~2.9厘米，先端短渐尖，基部楔形或宽楔形，下表面淡绿色，生有白色绒毛，尤以基部为甚，次脉4~8对，小横脉清楚，叶缘两侧有细锯齿；叶柄长约2毫米。笋期5~6月。

主要用途 笋可食用，亦有清肝明目的药用价值；竹材坚韧，用途广泛，可整秆使用或加工为各种农用品、伞柄、旗杆、农用支架，也是制作竹家俱和造纸的良好材料；植株挺拔，姿态优美，也用作观赏。

分布范围 主要分布于江苏、安徽、浙江、福建、湖南、湖北、四川、贵州、云南等省份。

种质资源 南京市保存苦竹种质资源2份，但种质资源归属皆不明。其中，雨花台区菊花台竹园、南京林业大学新庄校区和白马校区的苦竹为同一份种质资源。六合区东沟林场的苦竹面积较大，20亩，为纯林。具体种质资源情况见表3-76。

表3-76 苦竹种质资源信息

辖区	分布点（个）	种质资源编号	地点	面积（亩）	种质资源归属	备注
六合区	1	01	东沟林场	20	不详	引种栽培
雨花台区	1	02	菊花台竹园	<0.01	不详	引自南京林业大学新庄校区
溧水区	1	02	南京林业大学白马校区	<5	不详	2012年由南京林业大学新庄校区移栽
玄武区	1	02	南京林业大学新庄校区	<0.5	不详	引种栽培

狭叶青苦竹 *Pleioblastus chino* (Keng) Keng var. *hisauchii* Makino

形态特征 苦竹属青苦竹的变种，又名长叶苦竹。本变种与青苦竹的主要区别在于叶片窄，青苦竹叶宽 1.5~2.2 厘米，狭叶青苦竹叶宽 0.7~1.5 厘米。秆高 2~3 米，直立，直径 0.5~1 厘米，秆壁甚厚或近于实心，幼秆紫绿色至暗墨绿色，具少量白粉，老秆暗绿色；节间一般长 20~22 厘米，光滑无毛，圆筒形，在有分枝一侧的基部微凹，秆环平坦至微隆起；箨环稍隆起，并具一圈箨鞘基部的残留物，箨环下方粉环明显；秆自第 5~7 节开始分枝，各节 3 枝乃至多达 9 枝以上，枝直立或上举，与主秆作 10°~30° 角。箨鞘宿存或迟落，薄纸质，淡暗绿色，先端略带淡紫色，光滑无毛，具白粉，边缘具脱落性乳黄色纤毛，基部有一圈脱落性微毛；无箨耳，罕见 1 或 2 条直立的鞘口繸毛；箨舌截形，质厚，背面粗糙；箨片直立或稍斜展，狭三角状披针形，青绿色，还较箨鞘为短，边缘稍内卷，早落，基部收窄向内，其宽为箨鞘先端的 1/3~1/2。末级小枝具 3 或 4 叶，较集中于枝顶，下垂；叶鞘无毛；叶舌截形而微突起，低矮；无叶耳，有白色直立或弯曲的鞘口繸毛；叶片线状披针形，长 15~24 厘米，上表面绿色，下表面草绿色，两面无毛或下表面疏生不明显微毛，次脉 5 或 6 对，小横脉明显，呈正方格状，叶缘一边具紧贴的透明刺状锯齿，另一边则具不明显的细齿或齿脱落而全缘，叶基楔形。笋期 5 月中旬至 6 月中旬。

主要用途 狭叶青苦竹枝叶繁茂，竹秆光滑，色泽多变，竹丛密集，是观姿或观叶的优良竹种。

分布范围 原产日本，是日本最普通的竹种之一。适应性强，较耐寒，喜肥沃湿润的砂质土壤。

种质资源 南京市保存狭叶青苦竹种质资源 1 份，由南京林业大学 1996 年引自浙江省林业科学研究院；雨花台区菊花台竹园、南京林业大学新庄校区与白马校区的狭叶青苦竹为同一份种质资源，总面积不足 1.6 亩。具体种质资源情况见表 3-77。

表3-77 狭叶青苦竹种质资源信息

辖区	分布点（个）	种质资源编号	地点	面积（亩）	种质资源归属	备注
玄武区	1	01	南京林业大学新庄校区	<0.5	日本	1996年引种
雨花台区	1	01	菊花台竹园	<0.1	日本	由南京林业大学新庄校区引种
溧水区	1	01	南京林业大学白马校区	<1	日本	2012年由南京林业大学新庄校区分栽

斑苦竹 *Pleioblastus maculatus* (McClure) C. D Chu et C. S. Chao

形态特征 苦竹属竹种。地下茎复轴型。秆直立，高3~8米，粗1.5~4厘米，幼秆绿色，厚被脱落性白粉，箨环密具一圈棕色毛，节下方具直立近于向下的白色短纤毛，其余部分则光滑无毛，老秆黄绿色，被少量灰黑色粉垢；节间圆筒形，在分枝一侧的基部微凹；箨环与秆环均突出，近无毛；箨环残留有箨鞘基部的木栓质残留物；秆每节具3~5枝，枝与主秆成40°~50°的夹角。箨鞘棕红略带紫绿色，迟落，长为节间的3/4近革质，背部以有丰富油脂而具光泽，常具或密或稀的棕色小斑点，尤以箨鞘上部（或下部）为较密集，除箨鞘基部密具棕色倒向刺毛外，余处无毛，边缘全缘，无纤毛；箨耳无或呈点状、卵圆状，棕色，边缘有几条短而通直或曲折且易落的继毛；箨舌深棕红色，低矮截形或微凹或凸出，顶端全缘，无纤毛。箨片绿带紫色，线状披针形，呈狭条状，外翻而下垂，基部略向内收窄，近基部为棕红色，被微毛，略粗糙，先端渐尖，两边缘具极稀疏的细齿，几全缘。末级小枝具3~5叶；叶片披针形。笋期5月。

主要用途 笋味苦，处理后方可食用；竹秆可作篱笆和供农作物棚架；枝叶可以喂食大熊猫。

分布范围 分布于江苏、江西、福建、广东、广西、四川、贵州、云南等省份，陕西也有栽培。

种质资源 南京市保存斑苦竹种质资源1份，为南京林业大学早年引种栽培，但种质资源归属不明。南京林业大学新庄校区、白马校区和雨花台区雨花台的斑苦竹为同一份种质资源。具体种质资源情况见表3-78。

表3-78 斑苦竹种质资源信息

辖区	分布点（个）	种质资源编号	地点	面积（亩）	种质资源归属	备注
玄武区	1	01	南京林业大学新庄校区	<0.5	不详	引种栽培
雨花台区	1	01	雨花台竹园	<0.1	不详	1997年引自南京林业大学新庄校区
溧水区	1	01	南京林业大学白马校区	<1	不详	2012年由南京林业大学新庄校区分栽

宜兴苦竹 *Pleioblastus yixingensis* S. L. Chen et S. Y. Chen

形态特征 苦竹属竹种。秆直立，高3~5米，直径1.2~2厘米，秆壁厚0.3厘米，新秆黄绿色微带紫色，无毛，厚被白粉，老秆暗绿带黄，被黏附性灰黑色粉质，全秆约有21节间；节间通常长17~18厘米，圆筒形，仅在有分枝一侧的基部微凹；秆环稍隆起，与箨环同高；节内长约5毫米，满被粘附性黑粉；箨环多少被有木栓质残留物；分枝习性低，秆每节分3~5枝，与主秆成45°~50°夹角，当年的枝环下方白粉圈明显。箨鞘绿色至绿黄色，先端边缘焦枯色，薄革质或厚牛皮纸质，迟落，背部被脱落性厚白粉（呈粉绿色），还被有紫色小刺毛，边缘有紫红色较长纤毛，基部生不明显的纤毛；箨耳新月形，紫红色紧贴的鞘口上，耳缘着生粗壮的紫红色繸毛，后者通直而粗糙，长0.5~1厘米；箨舌高4~5毫米，先端隆起或截形，密被厚白粉；箨片紫绿色，狭短条状或披针形，外翻，两面均密被白色短毛，尤以腹面更显著，先端短尖，基部向内微收窄，两边缘具细齿。末级小枝具4或5叶；叶鞘无毛；叶耳形状不稳定，耳缘着生有枯草色至淡紫红色放射状繸毛；叶舌隆起，高达3毫米，膜质，厚被白粉；叶片椭圆状披针形，长13.5~24厘米，宽2~3厘米，先端渐尖，基部楔形，上表面绿色无毛，下表面绿色略淡，被短绒毛，沿主脉和叶基部有白色短纤毛，次脉6~8对，叶缘有细锯齿。笋期5月初。

主要用途 竹秆较坚硬，可作伞柄或支架等；枝叶可以喂食大熊猫。

分布范围 产于江苏省宜兴市，杭州有栽培。

种质资源 南京市保存宜兴苦竹种质资源1份，由南京林业大学1986年引自江苏省宜兴市，江宁区牛首山、南京林业大学新庄校区和白马校区的宜兴苦竹为同一份种质资源。具体种质资源情况见表3-79。

表3-79 宜兴苦竹种质资源信息

辖区	分布点（个）	种质资源编号	地点	面积（亩）	种质资源归属	备注
玄武区	1	01	南京林业大学新庄校区	<0.5	江苏省宜兴市	1986年引种
江宁区	1	01	牛首山林场	1	江苏省宜兴市	引自南京林业大学新庄校区
溧水区	1	01	南京林业大学白马校区	<1	江苏省宜兴市	2012年由南京林业大学新庄校区分栽

秋竹 *Pleioblastus gozadakensis* Nakai

形态特征　苦竹属竹种。秆散生，秆高3~4米，直径1.2~1.5厘米，秆壁厚约3毫米，幼秆无毛无粉或被少量白粉，老秆黄绿色或褐色，无毛而光亮；节间圆筒形，分枝一侧的下部有沟槽。箨鞘淡草绿色，先端与边缘色略淡，稍光亮，长为节间的2/3或3/4，除基部具一圈淡棕色刺毛外，其余各处均无毛；有或无箨耳和鞘口䍁毛；箨舌截形或截平而微凹，淡绿色，高1~2毫米，边缘具短纤毛；箨片绿色，披针形，直立或外翻。叶鞘无毛；通常无叶耳和鞘口䍁毛，偶而具2条较短䍁毛；叶舌微隆起，呈拱圆形或截形，先端不整齐，具微毛，高约2毫米。叶片线状披针形，质薄，长12~18厘米，宽1.5~1.8厘米，上表面深绿色，无毛，下表面黄绿色，常被微毛，次脉5~7对，叶缘有细锯齿（唯其中有一边的锯齿较稀疏），先端尾状，基部宽楔形。笋期5月初至6月上旬。

主要用途　篾性好，可做缚束物；秆形小，一般全秆作篱笆或农作物棚架之用；亦可用作观赏。

分布范围　分布于福建、浙江，西安有栽培。琉球群岛西表岛也有分布。喜气候温暖湿润的环境。

种质资源　南京市保存秋竹种质资源1份，由南京林业大学1986年引自福建省南平市，种植于南京林业大学新庄校区，2012年移栽至白马校区，面积不足1亩。具体种质资源情况见表3-80。

表3-80　秋竹种质资源信息

辖区	分布点（个）	种质资源编号	地点	面积（亩）	种质资源归属	备注
溧水区	1	01	南京林业大学白马校区	<1	不详（福建省南平市）	2012年由南京林业大学新庄校区移栽

大明竹 *Pleioblastus gramineus* (Bean) Nakai

形态特征 苦竹属竹种。地下茎复轴型，因顶芽出土成秆者较多于延伸成鞭的，故地面秆通常成丛生长。秆直立，高3~5米，直径0.5~2厘米，新秆绿黄色，老秆暗绿色，全无毛，节下方具粉环；节间通常圆筒形，在有分枝一侧的下部微凹；秆环较隆起；箨环常附有宿存的箨鞘基部残留物；秆每节具多枝，丛生，枝条上举，与主秆成较小的夹角，分枝习性较低。箨鞘薄革质，绿色至黄绿色，先端色淡，无斑纹，背部初生浅棕色小刺毛，以后脱落变为无毛；无箨耳和鞘口继毛；箨舌截形或微凹；箨片线形或宽线形，浅绿色，直立或开展，先端尖，无毛。末级小枝具5~10叶；叶鞘厚纸质，长5.5~9厘米，上部疏生小刺毛或无毛，下部无毛，边缘具白色细纤毛；无叶耳，但新枝的叶鞘口有几条长约7毫米的细直白色继毛，老后脱落；叶舌高2~3毫米，顶端圆形；叶片狭长披针形或线状披针形，质厚，近革质，长10~30厘米，宽5~20毫米，先端长渐尖或长尾尖，基部楔形或近宽楔形，两面均无毛，次脉5或6对，小横脉明显，叶缘一侧有不明显的稀疏短锯齿，另一侧具细锯齿，叶柄长约2毫米。笋期5月。

主要用途 秆成丛生长，上部低垂，叶片狭长，形态较优美，常作庭园观赏竹种；竹秆还可制作工艺品或用作菜园支架。

分布范围 原产日本，我国江苏、浙江、福建、台湾、广东、四川等省份都有栽培。

种质资源 南京市保存大明竹种质资源1份，由南京林业大学1986年引自日本。雨花台区雨花台和南京林业大学白马基地大明竹皆引自南京林业大学新庄校区。具体种质资源情况见表3-81。

表3-81 大明竹种质资源信息

辖区	分布点（个）	种质资源编号	地点	面积（亩）	种质资源归属	备注
雨花台区	1	01	雨花台竹园	<0.1	日本	1997年引自南京林业大学新庄校区
溧水区	1	01	南京林业大学白马校区	<5	日本	2012年由南京林业大学新庄校区移栽

菲白竹 *Pleioblastus fortunei* (v.Houtte) Nakai

形态特征　苦竹属竹种。小型灌木状竹类。地下茎复轴型，竹鞭粗1~2毫米；秆高10~30厘米，高大者可达50~80厘米；节间细而短小，圆筒形，直径1~2毫米，光滑无毛；秆环较平坦或微有隆起；秆不分枝或每节仅分1枝。箨鞘宿存，无毛。小枝具4~7叶；叶鞘无毛，鞘口繸毛白色并不粗糙；叶片短小，披针形，长6~15厘米，宽8~14毫米，先端渐尖，基部宽楔形或近圆形；两面均具白色柔毛，尤以下表面较密，叶面通常有黄色或浅黄色乃至于近白色的纵条纹。

主要用途　优良地被观赏竹种，具有很强的耐阴性，可用于城市公园或庭园绿化，也可用来制作盆景；竹叶营养丰富，可作动物饲料。

分布范围　原产日本，江苏、上海、浙江等地有栽培。

种质资源　南京市保存菲白竹种质资源1份，由南京林业大学1982年引自日本富士植物园。南京市六合区竹程小学、江宁区牛首山和南京林业大学白马校区的菲白竹为同一份种质资源，皆由南京林业大学新庄校区引种。具体种质资源情况见表3-82。

表3-82　菲白竹种质资源信息

辖区	分布点（个）	种质资源编号	地点	面积（亩）	种质资源归属	备注
六合区	1	01	竹程小学	<0.01	日本富士植物园	2016年引自南京林业大学新庄校区
江宁区	1	01	牛首山林场	0.5	日本富士植物园	引自南京林业大学新庄校区
溧水区	1	01	南京林业大学白马校区	1	日本富士植物园	2012年由南京林业大学新庄校区移栽

翠竹 *Pleioblastus pygmaeus* (Miq.) Nakai

形态特征 苦竹属竹种。小型灌木状。地下茎复轴型。秆高可达0.4米，直径1~2毫米，秆箨及节间无毛，节处密被毛。节间圆筒形，无沟槽，光滑无毛或少数种类可在节下具疏短毛，秆壁较厚；秆节隆起；秆每节仅分1枝，枝粗壮，并常与主秆同粗。叶密生、二行列排列；叶鞘有细毛；叶耳不发达，鞘口繸毛白色、平滑；叶片线状披针形，秆箨宿存，质地厚硬，牛皮纸质或近于革质，短于节间；箨耳及繸毛可存在或否；箨片披针形。叶鞘有细毛；叶耳不发达，鞘口繸毛白色、平滑；叶片线状披针形，长4~7厘米，宽7~10毫米，纸状皮质，叶基近圆形，先端略突渐尖或为渐尖，上表面疏生短毛，下表面常在一侧具细毛。

主要用途 较耐寒，叶翠绿，极耐修剪，喜酸性、中性土壤，是优良地被类观赏竹种。

分布范围 原产日本，上海、江苏、浙江、安徽、重庆、四川、云南等地有栽培。

种质资源 南京市保存翠竹种质资源1份，由南京林业大学1982年自日本引进；南京林业大学新庄校区和白马校区的翠竹为同一份种质资源，面积总计不足1.5亩。具体种质资源情况见表3-83。

表3-83 翠竹种质资源信息

辖区	分布点（个）	种质资源编号	地点	面积（亩）	种质资源归属	备注
玄武区	1	01	南京林业大学新庄校区	<0.5	日本	1982年引种
溧水区	1	01	南京林业大学白马校区	<1	日本	2012年由南京林业大学新庄校区分栽

无毛翠竹 *Pleioblastus pygmaeus* f. *distichus* (Mitford) Nakai

形态特征 苦竹属翠竹的变型,又名日本绿竹。本变型与翠竹不同之处在于秆节无毛,箨鞘、叶鞘和叶片等亦无毛。

主要用途 通常作庭园绿化,栽植于花坛或公园路边或坡地上,也可栽于花盆内作盆景观赏。

分布范围 原产日本,上海、江苏、浙江等地有栽培。

种质资源 南京市保存无毛翠竹种质资源1份,由南京林业大学1982年自日本引进,现保存于南京林业大学白马校区,面积不足1亩。具体种质资源情况见表3-84。

表3-84 无毛翠竹种质资源信息

辖区	分布点(个)	种质资源编号	地点	面积(亩)	种质资源归属	备注
溧水区	1	01	南京林业大学白马校区	<1	日本	1982年引种,2012年由南京林业大学新庄校区移栽

菲黄竹 *Pleioblastus viridistriatus* (Regel) Makino

形态特征 苦竹属竹种。常呈乔木或灌木状；秆高可达80厘米，径2~2.5毫米，节间长10~17（20）厘米，绿色，无毛，平滑，节下被一圈白粉，中空。箨环隆起，深紫色，无毛；秆环稍隆起。不分枝或少有每节具1分枝，其直径与主秆近等粗。箨鞘长为节间的1/3~1/2，绿色，无毛，边缘初时具黄褐色纤毛；箨耳缺失，鞘口初时具微弱继毛；箨舌截平形，高约0.5毫米；箨片直立，卵状披针形，绿色，无毛，长7~15毫米，宽2~3.5厘米。小枝具叶3~4；叶鞘绿色，无毛，边缘具纤毛；叶耳缺失，鞘口初时继毛微弱，后脱落变为无毛；叶舌近截平形，无毛，高约0.5毫米；叶柄长约2毫米，初时被微毛；叶片披针形，先端渐尖，基本圆形，长11~15（20）厘米，宽1.3~2（2.6）厘米，幼嫩时淡黄色有深绿色纵条纹，至夏季时全部变为绿色，上面无毛，下面被灰白色柔毛，次脉4~5对，小横脉组成长方形，边缘具小锯齿。笋期4月。

主要用途 植株低矮，生长密集，优良小型地被竹种，或其他造景，也可用于盆栽供观赏。

分布范围 原产日本，江西省宜丰竹博园、袁山公园等地有引种栽培。中性或偏阳性植物，喜温暖、湿润、向阳至略阴蔽之地，耐旱、耐寒，不耐热。

种质资源 南京市保存菲黄竹种质资源1份，由南京林业大学1982年引自日本，现保存于南京林业大学白马校区，面积不足1亩。具体种质资源情况见表3-85。

表3-85 菲黄竹种质资源信息

辖区	分布点（个）	种质资源编号	地点	面积（亩）	种质资源归属	备注
溧水区	1	01	南京林业大学白马校区	<1	日本	1982年引种，2012年由南京林业大学新庄校区移栽

铺地竹 *Pleioblastus argenteostriatus* (Regel) Nakai

形态特征 苦竹属竹种。混生竹,竹鞭发达,竹林密度大。竹秆矮小,秆高 0.3~0.5 米,直径 2~3 毫米,节间长约 10 厘米。箨鞘绿色,短与节间,秆绿色无毛,节下具窄白粉环。箨鞘基部具白色长纤毛,边缘具淡棕色纤毛;无箨耳。叶片卵状披针形,生长初期为绿色,偶具黄或白色纵条纹,后全变为绿色。笋期 4~5 月。

主要用途 地被竹种,观赏价值较高,枝叶浓密,护坡效果好,也适宜于花镜和绿坪观赏应用。

分布范围 浙江、江苏均有分布,日本亦有分布。

种质资源 南京市保存铺地竹种质资源 1 份,由南京林业大学 1982 年自日本引进。江宁区和溧水区两地铺地竹为同一份种质资源,均引自南京林业大学新庄校区。具体种质资源情况见表 3-86。

表3-86 铺地竹种质资源信息

辖区	分布点（个）	种质资源编号	地点	面积（亩）	种质资源归属	备注
江宁区	1	01	古泉	<0.1	日本	由南京林业大学新庄校区引种
溧水区	1	01	南京林业大学白马校区	<1	日本	2012年,由南京林业大学新庄校区移栽

巴山木竹 *Bashania fargesii* E. G. Camus

形态特征 巴山木竹属竹种。地下茎在土壤肥沃处合轴的部分较多，反之则是具竹鞭的部分占优势；竹鞭节间长（1）3~4厘米，粗5~15（20）毫米，几实心，当年常不生根，二年生以上则每节生出3~5根条。秆直立，梢头微弯，高（2）5~8（13）米，直径2~4（6.5）厘米；节间长35~50（75）厘米，幼时深绿色且被白粉，老则淡黄色，秆基部壁厚4~8毫米，髓为薄膜质，呈细长的囊状；箨环显著，起初被有棕色小刺毛，以后变净秃；秆环呈脊状微隆起；秆每节最初分3枝，以后可增多，但主枝仍较显著，枝与秆多作45°夹角斜上举。箨鞘略短于成长后的节间，鲜时绿色，干枯后淡黄色，背部贴生棕色疣基小刺毛，毛落后能在鞘背面留下疣基和小凹痕；箨舌高2~4毫米，上缘作不规则齿裂；无箨耳，惟在鞘先端两侧可生有易脱落的继毛；箨片披针形，直立，幼时绿色，有波曲，腹面在基部生有易落去的茸毛，边缘具小刺状纤毛而粗糙，整个箨片易自箨鞘上脱离。末级小枝具1~3或4~6叶；叶鞘长5~8厘米，在彼此覆盖所露出的部分被以白色（后变淡褐色至褐色）的疣基小刺毛和微毛，鞘的外缘生纤毛，尤以上部为甚；叶舌高2~4毫米，被微毛，顶缘具不规则齿裂，起初尚生有易折断而波曲的继毛；叶片上表面无毛，下表面幼时被短柔毛，小型叶片通常长10~20厘米，宽2.5厘米，大型叶片可长20~30厘米，宽3~7.5厘米，叶缘具细锯齿，次脉5~8（11）对，小横脉较紧密；叶柄长1~1.5厘米（小型叶者长3~6毫米），其上面在近鞘口处密被锈色短柔毛，后期变净秃。笋期4月下旬至5月底。

主要用途 竹秆为造纸原料，亦可用于建筑和劈篾编结家用器具。

分布范围 分布于陕西、甘肃、湖北、四川等省份的大巴山脉以及米仓山至秦岭一带。

种质资源 南京市保存巴山木竹种质资源1份，由南京林业大学1974年从陕西秦岭采种繁殖而来，种植在南京林业大学新庄校区，2012年移栽至白马校区，保存面积不足1亩。具体种质资源情况见表3-87。

表3-87 巴山木竹种质资源信息

辖区	分布点（个）	种质资源编号	地点	面积（亩）	种质资源归属	备注
溧水区	1	01	南京林业大学白马校区	<1	陕西秦岭	2012年由南京林业大学新庄校区移栽

矢竹 *Pseudosasa japonica* (Sieb. et Zucc.) Makino

形态特征　矢竹属竹种。竹秆木质化，高2~5米，直径0.5~1.5厘米；节间长15~30厘米，绿色，无毛；秆环较平坦；箨环有箨鞘基部宿存的附属物；节内不明显；秆的中部以上才开始分枝，每节具1分枝，近顶部可分3枝，枝先贴秆然后展开，越向秆顶端则分枝越紧贴秆，二级枝每节为1枝，通常无三级分枝。箨鞘宿存，草绿带黄色，背面常密生向下的刺毛，全缘；箨耳小或不明显，具少数条短刺毛；箨舌圆拱形；箨片线状披针形，无毛，全缘。小枝具5~9叶；叶鞘在近枝顶部的无毛，枝下部的具密毛；叶耳不明显，具白色平滑而平行的鞘口䍁毛数条；叶舌高1~3毫米，革质，全缘，背面有微毛；叶片狭长披针形，长4~30厘米，宽7~46毫米，无毛，边缘一边有锯齿状的小刺，先端长渐尖，基部楔形，上表面有光泽，下表面淡白色，次脉3~7对，小横脉呈方格子状。笋期5~6月。

主要用途　竹秆可制钓竿、器具、工艺品等；竹姿清秀宜人，可作绿篱和观赏。

分布范围　原产日本北纬39°以南各地，我国江苏、上海、浙江、台湾等地的庭园均有引种栽培。

种质资源　南京市保存矢竹种质资源1份，由南京林业大学1982年引自日本；雨花台区雨花台竹园、南京林业大学白马校区的矢竹为同一份种质资源，均引自南京林业大学新庄校区。具体种质资源情况见表3-88。

表3-88　矢竹种质资源信息

辖区	分布点（个）	种质资源编号	地点	面积（亩）	种质资源归属	备注
雨花台区	1	01	雨花台竹园	<0.1	日本	1997年引自南京林业大学新庄校区
溧水区	1	01	南京林业大学白马校区	<1	日本	2012年由南京林业大学新庄校区移栽

曙筋矢竹 *Pseudosasa japonica* (Sieb. et Zucc.) Makino f. *akebono*

形态特征　矢竹属矢竹的变型。该变型与矢竹主要区别是叶片沿叶脉有淡黄色条纹。

主要用途　主要用作观赏竹。

分布范围　原产日本。

种质资源　南京市保存曙筋矢竹种质资源 1 份，由南京林业大学 1982 年引自日本，现保存于南京林业大学新庄校区和白马校区，总面积不足 1.5 亩。具体种质资源情况见表 3-89。

表3-89　曙筋矢竹种质资源信息

辖区	分布点（个）	种质资源编号	地点	面积（亩）	种质资源归属	备注
玄武区	1	01	南京林业大学新庄校区	<0.5	日本	1982年引种
溧水区	1	01	南京林业大学白马校区	<1	日本	2012年由南京林业大学新庄校区分栽

辣韭矢竹 *Pseudosasa japonica* (Sieb. et Zucc.) f. *tsutsumiana*

形态特征 矢竹属矢竹的变型。本变型与矢竹的主要区别在于秆形奇特，秆节间膨胀成花瓶状。

主要用途 秆形奇特，四季浓绿，常用作观赏竹，宜用于配景，制作盆景；竹秆、竹鞭均可作工艺品。

分布范围 主要分布于长江流域和珠江流域，日本也有分布。

种质资源 南京市保存辣韭矢竹种质资源1份，由南京林业大学1986年引自日本，2012年由南京林业大学新庄校区移栽至白马校区，面积不足1亩。具体种质资源情况见表3-90。

表3-90 辣韭矢竹种质资源信息

辖区	分布点（个）	种质资源编号	地点	面积（亩）	种质资源归属	备注
溧水区	1	01	南京林业大学白马校区	<1	日本	2012年由南京林业大学新庄校区移栽

托竹 *Pseudosasa cantorii* (Munro) P. C. Keng ex S. L. Chen et al.

形态特征 矢竹属竹种。竹鞭的节间呈圆筒形，长2~3厘米，直径4~5毫米，中空微小，每节上包有宿存的箨鞘状苞片，并生根3条。秆高2~4米，粗5~10毫米；节间圆筒形，长24~33厘米；秆环不显著；秆每节分3枝。箨鞘迟落，厚纸质或薄革质，长为节间之半，棕黄色带紫色，背部无毛，较光滑，或有稀疏浅棕色刺毛；先端近截形或稍作圆拱形，边缘密生金黄色纤毛；箨耳发达，半月形或镰形，边缘具多数直立而波曲的繸毛，后者较粗糙，长为6~13毫米；箨舌拱形或截平面微突起，背面粗糙，边缘具极短纤毛；箨片狭卵状披针形，先端长渐尖，直立，无毛，具明显小横脉，基部宽为箨鞘顶端的1/2~3/5，边缘具细锯齿。具叶小枝长10~20厘米，具5至10多叶；叶鞘长约4厘米，枯草色，带紫色，有光泽，背部在顶端具脊，无毛或有微毛，边缘生纤毛；叶耳镰形或半月形，耳缘生长约5毫米的繸毛，老叶则叶耳脱落；叶舌短矮，截形，全缘或具裂齿，背部具微毛而粗糙；叶片狭披针形乃至长圆状披针形，长12~20（32）厘米，宽12~25（45）毫米，先端渐尖，基部宽楔形，上表面深绿色，下表面淡绿色，两面均无毛，小横脉在下表面呈方形至较宽的长方形，次脉5~9对，边缘具细刺状锯齿，老叶秃净平滑；叶柄长约4毫米。笋期3月。

主要用途 观赏。

分布范围 主要分布于广东、海南、香港、江西、福建等省份。

种质资源 南京市保存托竹种质资源1份，由南京林业大学1996年引自浙江省林业科学研究院，但具体种质资源归属不明。2012年，由南京林业大学新庄校区移栽至白马校区，面积不足1亩。具体种质资源情况见表3-91。

表3-91 托竹种质资源信息

辖区	分布点（个）	种质资源编号	地点	面积（亩）	种质资源归属	备注
溧水区	1	01	南京林业大学白马校区	<1	不详	2012年由南京林业大学新庄校区移栽

茶竿竹 *Pseudosasa amabilis* (McClure) Keng f.

形态特征 矢竹属竹种。秆直立，高 5~13 米，直径 2~6 厘米；节间长（25）30~40（50）厘米，圆筒形，幼时疏被棕色小刺毛，老则变为光滑无毛，橄榄绿色，具一层薄灰色蜡粉，秆壁较厚，坚硬，有韧性，髓白色或枯草黄色，呈横片状或海绵状充满上部节间的内腔，在下部节间空腔内的髓则常干缩，呈薄片状或碎片状附着内壁，中空；秆环平坦或微隆起；秆每节分 1~3 枝，其枝贴秆上举，主枝梢较粗，二级分枝通常为每节 1 枝。箨鞘迟落性，暗棕色，革质、坚硬、质脆，中部和基部较厚，背面密被栗色刺毛，尤以其中下部密集，腹面平滑而有光泽，边缘具较密的长约 5 毫米的纤毛，顶端截形，鞘口于箨片两边各有数条直而坚硬先端略弯曲的刚毛状继毛，其长可达 15 毫米，箨舌棕色、拱形，边缘不规则，具睫毛，背面具微毛；箨片狭长三角形，直立，暗棕色，先端锐尖或呈锥形，边缘粗糙，内卷，纵脉显著，具小横脉，质较箨鞘稍薄。小枝顶端具 2 或 3 叶；叶鞘除边缘具纤毛外，余处均无毛，质厚而脆，鞘口两边稍高，具几根直而先端扭曲的继毛，后者长 7~15 毫米；叶舌高 1~2 毫米，边缘密生短睫毛；叶片厚而坚韧，长披针形，长 16~35 厘米，宽 16~35 毫米，上表面深绿色，下表面灰绿色，无毛，嫩叶时基部有微毛，先端渐尖，基部楔形，嫩叶边缘一侧具刺状小锯齿，另一侧锯齿不明显而略粗糙，老叶边缘近于平滑而内卷，次脉 7~9 对，有小横脉；叶柄长约 5 毫米。笋期 3 月至 5 月下旬。

主要用途 主秆直而挺拔，节间长，秆壁厚，竹材经沙洗加工后，洁白如象牙，可作钓鱼竿、滑雪杆、晒杆、编篱笆等；笋不作食用。

分布范围 分布于江西、福建、湖南、广东、广西等省份。生于丘陵平原或河流沿岸的山坡。江苏、浙江有引种栽培。

种质资源 南京市保存茶竿竹种质资源 1 份，由南京林业大学 1986 年引自广东省怀集县，现南京市雨花台区菊花台竹园、六合区竹程小学和南京林业大学新庄校区的茶竿竹为同一份种质资源。具体种质资源情况见表 3-92。

表3-92 茶竿竹种质资源信息

辖区	分布点（个）	种质资源编号	地点	面积（亩）	种质资源归属	备注
玄武区	1	01	南京林业大学新庄校区	<0.5	广东省怀集县	1986年引种
雨花台区	1	01	菊花台竹园	<0.1	广东省怀集县	1997年引自南京林业大学新庄校区
六合区	1	01	竹程小学	<0.01	广东省怀集县	2016年引自南京林业大学新庄校区

福建茶竿竹 *Pseudosasa amabilis* (McClure) Keng var. *convexa* Z.P.Wang et G.H.Ye

形态特征 矢竹属茶竿竹的变种。本变种与茶竿竹的主要区别在于箨鞘之顶端两侧隆起，箨舌背部具白粉。

主要用途 优良的观赏和材用竹种，竹秆可作滑雪杖、钓鱼竿、运动器材等。

分布范围 分布于福建省南平、三明等地。

种质资源 南京市保存福建茶竿竹种质资源1份，由南京林业大学引自福建省邵武市；雨花台区雨花台竹园和南京林业大学白马校区的福建茶竿竹属同一份种质资源，均引自南京林业大学新庄校区。具体种质资源情况见表3-93。

表3-93 福建茶竿竹种质资源信息

辖区	分布点（个）	种质资源编号	地点	面积（亩）	种质资源归属	备注
雨花台区	1	01	雨花台竹园	<0.1	福建省邵武市	1997年引自南京林业大学新庄校区
溧水区	1	01	南京林业大学白马校区	<1	福建省邵武市	2012年由南京林业大学新庄校区移栽

白条赤竹 *Sasaella glabra* (Nakai) Nakaiex Koidz. f. *albo-striata* Mur

形态特征 东笆竹属竹种，又名白纹椎谷笹、靓竹。混生型竹种。秆高50~80厘米，粗2~2.5毫米，节间长12厘米，无毛，节下常具一圈白粉。叶片披针形，绿色，具白色纵条纹，长15~20厘米，宽1.5~2.5厘米，先端渐尖，微弯曲，两面无毛。笋期4月下旬至5月上旬。

主要用途 色彩优美，尤夏日更为靓丽，优良的地被类观赏竹种，亦可作地被护坡或盆景观赏。

分布范围 原产日本，我国黄河以南地区均可栽植。植株矮小，株间密集，分蘖力强，耐修剪，不耐水湿和光照，耐寒性好。

种质资源 南京市保存白条赤竹种质资源1份，由南京林业大学1982年引自日本，种植于南京林业大学新庄校区，后又分别被引种至南京林业大学白马校区和六合区竹程小学，总面积约1亩。具体种质资源情况见表3-94。

表3-94 白条赤竹种质资源信息

辖区	分布点（个）	种质资源编号	地点	面积（亩）	种质资源归属	备注
溧水区	1	01	南京林业大学白马校区	<1	日本	2012年由南京林业大学新庄校区移栽
六合区	1	01	竹程小学	<0.01	日本	2016年由南京林业大学白马校区引种

黄条金刚竹 *Sasaella kogasensis* Makino f. *aureo-striaus* Muroi et Y. Tanaka

形态特征 东笆竹属金刚竹的变型。本变型与金刚竹的区别在于叶片较宽大，绿色，不规则间有黄条纹。混生型竹种，地下茎有时呈单轴型，有时亦可部分短缩呈复轴型。秆高0.5~1米，径0.2~0.3厘米，散生或少数种类可丛生成群，直立；节间圆筒形或在其有分枝之节间下部一侧微扁平，节下方的白粉环明显，中空或少数种类近实心，髓作笛膜状或棉絮状；秆环隆起，高于箨环；箨环常具一圈箨鞘基部残留物，幼秆的箨环还常具一圈棕褐色小刺毛；秆每节分3~7枝，秆上部数节分枝数更多且呈束状，无明显主枝，枝条展开，与秆呈40°~50°夹角。箨鞘宿存，厚草质或厚纸质，背部通常除基部密生一圈毛茸和边缘具纤毛外，其余部分无毛或具脱落性小刺毛和白粉；大多数种类无箨耳和鞘口繸毛但亦可有大形的箨耳和鞘口繸毛；箨舌截形至弧形；箨片锥形至披针形，基部向内收窄，常外翻。每小枝通常生3~5叶，少数种类多可多达13叶；叶鞘背部被毛或无毛，鞘口具流苏状通直的或波状弯曲的繸毛；叶舌截形或拱形；叶片长圆状披针形或狭长披针形，小横脉明显而呈长方格状，叶缘具细锯齿或一边的锯齿不明显；叶片微形态在上表皮的脉间有2种类型的长细胞，最中央2~4行的长细胞为有波纹的正方形至长方形。笋期5~6月。

主要用途 观叶竹种，常被用作地被。

分布范围 原产日本。1972年，由日本人田中辛南在名古屋市守山镇发现。

种质资源 南京市保存黄条金刚竹种质资源1份，由南京林业大学1982年引自日本。南京林业大学新庄校区和白马校区的黄条金刚竹为同一份种质资源，两地种植面积总计不足1.5亩。具体种质资源情况见表3-95。

表3-95 黄条金刚竹种质资源信息

辖区	分布点（个）	种质资源编号	地点	面积（亩）	种质资源归属	备注
玄武区	1	01	南京林业大学新庄校区	<0.5	日本	1982年引种
溧水区	1	01	南京林业大学白马校区	<1	日本	2012年由南京林业大学新庄校区分栽

美丽箬竹 *Indocalamus decorus* Q. H. Dai

形态特征 箬竹属竹种。竹鞭径粗 4~10 毫米；节间长 3.5 厘米，圆柱形，每节仅具 1 或 2 主根。秆高 35~80 厘米，直径 3~5 毫米，新秆绿色，被白粉和伏贴微毛；节间长 7~22 厘米，节下方密生一圈淡棕色或棕色伏贴微毛。箨鞘短于节间，鲜时黄绿色，被白粉，干时为稻草色并带红色，基部具一圈深棕色刺毛，边缘生褐色纤毛；箨耳镰形，鞘口繸毛长 4~5 毫米；箨舌极短，高约 1 毫米，边缘具短微毛；箨片宽三角形，直立，抱秆，背面无毛，腹面的脉间生短粗毛，边缘具褐色微纤毛。每小枝具 2~4 叶；叶鞘被白粉，边缘生纤毛；叶耳黄绿色，鞘口繸毛长 3 毫米；叶舌截形，高 1~2 毫米，边缘具褐色或灰白色纤毛，背面粗糙；叶片呈带状披针形，长 15~35 厘米，宽 3~5.5 厘米，两面均无毛或下表面在近中脉处具短柔毛；叶柄长 5 毫米。笋期 4 月。

主要用途 优良的观赏竹种，植株矮小，叶片大，姿态优美；竹叶制作饮料，口感独特、香甜适度，具有抗疲劳、抗衰老的功效；叶子可作粽叶，亦可酿酒。

分布范围 产广西壮族自治区南宁市。

种质资源 南京市保存美丽箬竹种质资源 1 份，由南京林业大学于 1996 年引自浙江省安吉县竹种园，但具体种质资源归属不明，2012 年由南京林业大学新庄校区移栽至白马校区，面积不足 1 亩。具体种质资源情况见表 3-96。

表3-96 美丽箬竹种质资源信息

辖区	分布点（个）	种质资源编号	地点	面积（亩）	种质资源归属	备注
溧水区	1	01	南京林业大学白马校区	<1	不详	2012年由南京林业大学新庄校区移栽

阔叶箬竹 *Indocalamus latifolius* (Keng) McClure

形态特征 箬竹属竹种。秆高可达2米,直径0.5~1.5厘米;节间长5~22厘米,被微毛,尤以节下方为甚;秆环略高,箨环平;秆每节分1枝,秆上部稀可分2或3枝,枝直立或微上举。箨鞘硬纸质或纸质,下部秆箨者紧抱秆,而上部者则较疏松抱秆,背部常具棕色疣基小刺毛或白色的细柔毛,以后毛易脱落,边缘具棕色纤毛;箨耳无或稀可不明显,疏生粗糙短继毛;箨舌截形,高0.5~2毫米,先端无毛或有时具短继毛而呈流苏状;箨片直立,线形或狭披针形。叶鞘无毛,先端稀具极小微毛,质厚,坚硬,边缘无纤毛;叶舌截形,高1~3毫米,先端无毛或稀具继毛;叶耳无;叶片长圆状披针形,先端渐尖,长10~45厘米,宽2~9厘米,下表面灰白色或灰白绿色,多少生有微毛,次脉6~13对,小横脉明显,形成近方格形,叶缘生有小刺毛。笋期4~5月。

主要用途 常用作观赏竹种,色彩碧绿,枝叶繁茂;生态竹种,固碳释氧、滞尘、降噪音;竹叶可当作粽叶、食品包装、饲料、造纸、酿酒;秆可用作竹筷、毛笔杆、扫帚柄等。

分布范围 主要分布于山东、江苏、安徽、浙江、江西、福建、湖北、湖南、广东、四川等省份。

种质资源 南京市保存阔叶箬竹种质资源3份。其中,南京市浦口区老山林场1份,栖霞区燕子矶—幕府山1份,南京林业大学白马校区1份,但种质资源归属皆不清。具体种质资源情况见表3-97。

表3-97 阔叶箬竹种质资源信息

辖区	分布点(个)	种质资源编号	地点	面积(亩)	种质资源归属	备注
浦口区	1	01	老山林场	200	不详	引种栽培
栖霞区	1	02	燕子矶—幕府山	0.1	不详	引种栽培
溧水区	1	03	南京林业大学白马校区	<5	不详	2012年由南京林业大学新庄校区移栽

箬叶竹 *Indocalamus longiauritus* Hand.-Mazz.

形态特征 箬竹属竹种。秆直立，高 0.84~1 米，基部直径 3.5~8 毫米；节间长（8）10~55 厘米，暗绿色有白毛，节下方有一圈淡棕带红色并贴秆而生的毛环，秆壁厚 1.5~2 毫米；秆节较平坦；秆环较箨环略高；秆每节分 1 枝，上部有时为 1~3 枝，枝上举。箨鞘厚革质，绿色带紫，内缘贴秆，外缘松弛，基部具宿存木栓状隆起环，或具一圈棕色长硬毛，背部被褐色伏贴的疣基刺毛或无刺毛，有时有白色微毛；箨耳大，镰形，长 3~55 毫米，宽 1~6 毫米，绿色带紫，干时棕色，有放射状伸展的淡棕色长繸毛，其长约 1 厘米；箨舌高 0.5~1 毫米，截形，边缘有长为 0.3~3 毫米的流苏状繸毛或无繸毛；箨片长三角形至卵状披针形，直立，绿色带紫，先端渐尖，基部收缩，近圆形。叶鞘坚硬，无毛或幼时背部贴生棕色小刺毛，外缘生纤毛；叶耳镰形，边缘有棕色放射状伸展的繸毛；叶舌截形，高 1~1.5 毫米，背部有微毛，边缘生粗硬繸毛；叶片大型，长 10~35.5 厘米，宽 1.5~6.5 厘米，先端长尖，基部楔形，下表面无毛或有微毛，次脉 5~12 对，小横脉形成长方格形，叶缘粗糙。笋期 4~5 月。

主要用途 观叶竹种，常栽于公园，亦可盆栽；秆可制作毛笔杆或竹筷；叶片可作食品或茶叶包装物，或用于制作斗笠、船篷等防雨用品衬垫材料。

分布范围 分布于河南、陕西、安徽、江苏、浙江、福建、湖北、湖南、江西、贵州、四川、广东、广西等省份。多生于低山谷间、水滨、林缘。

种质资源 南京市保存箬叶竹种质资源 1 份，为南京林业大学早期引种栽培，2012 年由新庄校区移栽至白马校区，但具体种质资源归属不明，面积不足 1 亩。具体种质资源情况见表 3-98。

表3-98 箬叶竹种质资源信息

辖区	分布点（个）	种质资源编号	地点	面积（亩）	种质资源归属	备注
溧水区	1	01	南京林业大学白马校区	<1	不详	2012年由南京林业大学新庄校区移栽

矮箬竹 *Indocalamus pedalis* (Keng) Keng f.

形态特征 箬竹属竹种。秆高 30 厘米左右，直径 2 毫米，下部节间长 1~5 厘米。箨鞘长 2~4.5 厘米，有纵肋，无毛；箨耳无；箨舌截形，质坚，高约 0.3 毫米，边缘无毛。小枝有 2~4 叶；叶鞘重叠包裹，上部近边缘处有棕色伏贴毛，边缘有淡棕色纤毛；叶耳无；叶舌截形，高约 0.5 毫米，边缘有流苏状棕色长继毛；叶柄长 1~4 毫米；叶片革质兼纸质，披针形，长 6.5~15 厘米，宽 9~17 毫米，先端渐尖，基部阔楔形，无毛或幼时于下表面被微毛，次脉 4~6 对，小横脉长方形，叶缘上部具小锯齿，下部的近于平滑。笋期 4 月。

主要用途 通常用于景观绿化，叶可作粽叶或包装物。

分布范围 分布于四川省江北、永川等县（区）。常生于山边岩石裂缝中的瘠薄环境中。

种质资源 南京市保存矮箬竹种质资源 1 份，由南京林业大学 1997 年引自浙江省林业科学研究院，栽植于南京林业大学新庄校区，2012 年移栽至南京林业大学白马校区，但具体种质资源归属不明，面积不足 1 亩。具体种质资源情况见表 3-99。

表3-99 矮箬竹种质资源信息

辖区	分布点（个）	种质资源编号	地点	面积（亩）	种质资源归属	备注
溧水区	1	01	南京林业大学白马校区	<1	不详	2012年由南京林业大学新庄校区移栽

箬竹 *Indocalamus tessellatus* (Munro) Keng f.

形态特征 箬竹属竹种。秆高 0.75~2 米，直径 4~7.5 毫米；节间长约 25 厘米，最长者可达 32 厘米，圆筒形，在分枝一侧的基部微扁，一般为绿色，秆壁厚 2.5~4 毫米；节较平坦；秆环较箨环略隆起，节下方有红棕色贴秆的毛环。箨鞘长于节间，上部宽松抱秆，无毛，下部紧密抱秆，密被紫褐色伏贴疣基刺毛，具纵肋；箨耳无；箨舌厚膜质，截形，高 1~2 毫米，背部有棕色伏贴微毛；箨片大小多变化，窄披针形，秆下部者较窄，秆上部者稍宽，易落。小枝具 2~4 叶；叶鞘紧密抱秆，有纵肋，背面无毛或被微毛；无叶耳；叶舌高 1~4 毫米，截形；叶片在成长植株上稍下弯，宽披针形或长圆状披针形，长 20~46 厘米，宽 4~10.8 厘米，先端长尖，基部楔形，下表面灰绿色，密被贴伏的短柔毛或无毛，中脉两侧或仅一侧生有一条毡毛，次脉 8~16 对，小横脉明显，形成方格状，叶缘生有细锯齿。笋期 4~5 月。

主要用途 笋可作笋干或制罐头；叶作粽叶，亦可酿酒、作饲料，也用作衬垫茶篓或制作各种防雨用品；叶入药，具有清热解毒、止血消肿的功效；秆可用作竹筷、毛笔杆、扫帚柄等；地被绿化，河边护坡。

分布范围 主要分布于浙江省西天目山、衢县和湖南省零陵阳明山。生于海拔 300~1400 米的山坡路旁。

种质资源 南京市保存箬竹种质资源 5 份。雨花台区雨花台竹园 1 份，六合区灵岩山林场 1 份，高淳区 2 份，溧水区东庐林场 1 份，但种质资源归属皆不明。溧水区种植箬竹面积最大，达到 100 亩。具体种质资源情况见表 3-100。

表3-100 箬竹种质资源信息

辖区	分布点（个）	种质资源编号	地点	面积（亩）	种质资源归属	备注
六合区	1	01	灵岩山林场	3	不详	引种栽培
高淳区	2	02	固城街道	0.2	不详	引种栽培
		03	大荆山林场	5	不详	引种栽培
雨花台区	1	04	雨花台竹园	<0.1	不详	引自南京林业大学新庄校区
溧水区	1	05	溧水区林场东庐分场	100	不详	引种栽培
玄武区	1	04	南京林业大学新庄校区	<0.5	不详	引种栽培

胜利箬竹 *Indocalamus victorialis* Keng f.

形态特征 箬竹属竹种。秆高 1~3 米，粗 5~8 毫米；节间细长，圆筒形，最长可达 26 厘米，有纵肋而无毛，空腔直径为 1~2 毫米；秆环较隆起；箨环平坦；节内长 4~5 毫米；秆每节分 1 枝，枝条贴生，上部稀可分 3 或 4 枝，枝与秆之腋间具有先出叶，枝基部还具少数逐渐增长的枝鞘。箨鞘远较节间为短，革质兼厚纸质，紧紧抱秆，被以淡棕色伏贴疣基刺毛，后者脱落后留存疣基，此外鞘基部还密生有向下的棕色疣基刺毛，边缘密生纤毛；箨耳无；箨舌高 0.5~1 毫米，截形，背部具微毛；箨片细长形，无毛，早落性。小枝具 1~4 叶；叶鞘除边缘的上部生有纤毛外，余处均无毛，长 3~8.3 厘米，背部具脊；叶耳无；叶舌长约 0.5 毫米，截形，背面被微毛；叶片宽披针形，纸质，长 14~25 厘米，宽 2.5~4 厘米，两面均无毛，先端渐尖呈细尾状尖头，基部阔楔形向下延伸成短叶柄，上表面绿色，下表面灰绿色，次脉 5~9 对，小横脉形成长方格状。笋期 4 月。

主要用途 常用于观赏；笋可食用；叶作粽叶，亦可酿酒、作饲料，也用作衬垫茶篓或制作各种防雨用品；秆可用作竹筷、毛笔秆、扫帚柄等。

分布范围 主要分布于四川省。生于山谷内慈竹丛间或开敞的山坡上。

种质资源 南京市保存胜利箬竹种质资源 1 份，由南京林业大学 1996 年引自浙江省林业科学研究院，2012 年移植至南京林业大学白马校区，面积不足 1 亩。该份种质来源归属不明。具体种质资源情况见表 3-101。

表3-101 胜利箬竹种质资源信息

辖区	分布点（个）	种质资源编号	地点	面积（亩）	种质资源归属	备注
溧水区	1	01	南京林业大学白马校区	<1	不详（四川省）	2012年由南京林业大学新庄校区移栽

中文名索引

A

| 矮箬竹 | 125 |
| 安吉金竹 | 39 |

B

巴山木竹	113
白哺鸡竹	54
白夹竹	53
白条赤竹	120
摆竹	24
斑苦竹	104
斑竹	50

C

茶竿竹	118
刺黑竹	96
翠竹	109

D

大明竹	107
淡竹	63
短穗竹	91

E

| 鹅毛竹 | 89 |

F

方竹	97
菲白竹	108
菲黄竹	111
粉绿竹	83
凤尾竹	22
福建茶竿竹	119

G

橄榄竹	99
刚竹	76
高节竹	73
观音竹	20
光篁篌竹	37
龟甲竹	59
桂竹	48

H

寒竹	94
河竹	40
红哺鸡竹	65
红秆寒竹	95
红壳雷竹	64
篌竹	35
胡麻竹	69
花哺鸡竹	62
花秆早竹	82
黄槽篌竹	38
黄槽石绿竹	43
黄槽竹	45

黄秆乌哺鸡竹	86	P	
黄古竹	41	平竹	29
黄皮绿筋竹	78	铺地竹	112
黄条金刚竹	121		
黄纹竹	87	Q	
灰水竹	74	笻竹	30
灰竹	71	秋竹	106
J		R	
江山倭竹	88	箬叶竹	124
金明竹	51	箬竹	126
金丝慈竹	23		
金丝毛竹	60	S	
金镶玉竹	46	少穗竹	100
金竹	75	肾耳唐竹	28
锦竹	31	圣音毛竹	61
京竹	47	胜利箬竹	127
		石绿竹	42
K		实心竹	34
苦竹	102	矢竹	114
阔叶箬竹	123	寿竹	52
		曙筋矢竹	115
L		水竹	32
辣韭矢竹	116	四季竹	101
罗汉竹	44		
绿皮黄筋竹	77	T	
绿纹竹	85	唐竹	27
		托竹	117
M			
毛环竹	67	W	
毛金竹	70	倭形竹	25
毛竹	55	乌哺鸡竹	84
美丽箬竹	122	乌竹	79
美竹	66	无毛翠竹	110

X

狭叶青苦竹	103
狭叶倭竹	90
小琴丝竹	21
孝顺竹	18

Y

业平竹	93
宜兴苦竹	105
月月竹	98

Z

早竹	80
中华大节竹	26
紫蒲头灰竹	72
紫竹	68

学名索引

B

Bambusa multiplex	18
Bambusa multiplex 'Alphonse-Karr'	21
Bambusa multiplex 'Fernleaf'	22
Bambusa multiplex var. *riviereorum*	20
Bashania fargesii	113

C

Chimonobambusa marmorea	94
Chimonobambusa marmorea f. *variegate*	95
Chimonobambusa neopurpurea	96
Chimonobambusa quadrangularis	97
Chimonobambusa sichuanensis	98

H

Hibanobambusa tranguillans f. *shiroshima*	31

I

Indocalamus decorus	122
Indocalamus latifolius	123
Indocalamus longiauritus	124
Indocalamus pedalis	125
Indocalamus tessellatus	126
Indocalamus victorialis	127
Indosasa acutiligulata	24
Indosasa gigantea	99
Indosasa shibataeoides	25
Indosasa sinica	26

N

Neosinocalamus affini f. *viridiflavus*	23

O

Oligostachyum lubricum	101
Oligostachyum sulcatum	100

P

Phyllostachys angusta	41
Phyllostachys arcana	42
Phyllostachys arcana f. *luteosulcata*	43
Phyllostachys aurea	44
Phyllostachys aureosulcata	45
Phyllostachys aureosulcata 'Pekinensis'	47
Phyllostachys aureosulcata 'Spectabilis'	46
Phyllostachys bambusoides	48
Phyllostachys bambusoides f. *castillonis*	51
Phyllostachys bambusoides f. *lacrimadeae*	50
Phyllostachys bambusoides f. *shouzhu*	52
Phyllostachys bissetii	53
Phyllostachys dulcis	54
Phyllostachys edulis	55
Phyllostachys edulis f. *gracilis*	60
Phyllostachys edulis f. *heterocycla*	59
Phyllostachys edulis f. *tubaeformis*	61
Phyllostachys glabrata	62
Phyllostachys glauca	63
Phyllostachys heteroclada f. *solida*	34

Phyllostachys heteroclada	32	*Pleioblastus chino* var. *hisauchii* Makino	103
Phyllostachys incarnate	64	*Pleioblastus fortunei*	108
Phyllostachys iridescens	65	*Pleioblastus gozadakensis*	106
Phyllostachys mannii	66	*Pleioblastus gramineus*	107
Phyllostachys meyeri	67	*Pleioblastus maculatus*	104
Phyllostachys nidularia	35	*Pleioblastus pygmaeus* f. *distichus*	110
Phyllostachys nidularia f. *glabrovagina*	37	*Pleioblastus pygmaeus*	109
Phyllostachys nidularia f. *mirabilis*	38	*Pleioblastus viridistriatus*	111
Phyllostachys nigra	68	*Pleioblastus yixingensis*	105
phyllostachys nigra f. *henonis*	70	*Pseudosasa amabilis*	118
Phyllostachys nigra var. *punctate*	69	*Pseudosasa amabilis* var. *convexa*	119
Phyllostachys nuda	71	*Pseudosasa cantorii*	117
Phyllostachys nuda f. *localis*	72	*Pseudosasa japonica*	114
Phyllostachys parvifolia	39	*Pseudosasa japonica* f. *akebono*	115
Phyllostachys platyglossa	74	*Pseudosasa japonica* f. *tsutsumiana*	116
Phyllostachys prominens	73		
Phyllostachys rivalis	40	Q	
Phyllostachys sulphurea	75	*Qiongzhuea communis*	29
Phyllostachys sulphurea f. *robertii*	78	*Qiongzhuea tumidinoda*	30
Phyllostachys sulphurea 'Houzeau'	77		
Phyllostachys sulphurea var. *viridis*	76	S	
Phyllostachys varioauriculata	79	*Sasaella glabra* f. *albo-striata*	120
Phyllostachys violascens	80	*Sasaella kogasensis* f. *aureo-striaus*	121
Phyllostachys violascens f. *viridisulcata*	82	*Semiarundinaria densiflora*	91
Phyllostachys viridiglaucescens	83	*Semiarundinaria fastuosa*	93
Phyllostachys vivax	84	*Shibataea chiangshanensis*	88
Phyllostachys vivax f. *aureocaulis*	86	*Shibataea chinensis*	89
Phyllostachys vivax f. *huangwenzhu*	87	*Shibataea lanceifolia*	90
Phyllostachys vivax f. *viridivittata*	85	*Sinobambusa nephroaurita*	28
Pleioblastus amarus	102	*Sinobambusa tootsik*	27
Pleioblastus argenteostriatus	112		

参考文献

陈启泽，王裕霞，2006. 观赏竹与造景[M]. 广州：广东科技出版社.

陈嵘，1984. 竹的种类及栽培利用[M]. 北京：中国林业出版社.

方伟，1995. 竹子分类学[M]. 北京：中国林业出版社.

胡果生，王玲，2018. 竹[M]. 长沙：中南大学出版社.

辉朝茂，杜凡，杨宇明，1996. 竹类培育与利用[M]. 北京：中国林业出版社.

江苏省植物研究所，1977. 江苏植物志[M]. 南京：江苏人民出版社.

康喜信，胡永红，2011. 上海竹种图志[M]. 上海：上海交通大学出版社.

李玉敏，蓝晓光，丁雨龙，等，2021. 开启"南竹北移"新篇章　助力黄河流域生态保护和高质量发展[J]. 世界竹藤通讯，19（5）：1–8.

楼崇，董建明，贾景丽，2008. 南京竹子造园与造景赏析[J]. 世界竹藤通讯（1）：37–43.

马乃训，赖广辉，张培新，等，2014. 中国刚竹属[M]. 杭州：浙江科学技术出版社.

南京林产工业学院林学系竹类研究室，1974. 竹林培育[M]. 北京：农业出版社.

孙茂盛，鄢波，徐田，等，2015. 竹类植物资源与利用[M]. 北京：科学出版社.

杨宇明，谷中明，吴静波，等，2019. 中国竹文化与竹文化产业[M]. 昆明：云南大学出版社.

张文科，2004. 竹[M]. 北京：中国林业出版社.

中国科学院中国植物志编辑委员会，1996. 中国植物志第九卷第一分册（禾本科——竹亚科分册）[M]. 北京：科学出版社.

周芳纯，1988. 竹林培育学[M]. 北京：中国林业出版社.

周芳纯，1998. 竹林培育和利用[M]. 南京：南京林业大学竹类研究杂志社.